天下文化
BELIEVE IN READING

WHAT YOU DO IS 你的行為決定 你是誰 WHO YOU ARE

HOW TO CREATE YOUR BUSINESS CULTURE

塑造企業文化最重要的事

BEN HOROWITZ

創投天王 本・霍羅維茲 著 楊之瑜、藍美貞 譯

推薦序

文化才是最難的事

台灣大哥大總經理、AppWorks董事長暨合夥人　**林之晨**

什麼才是最難的事？文化才是最難的事。不僅因為它本身很難，更因為大多企業文化書的作者，根本從未建立、改變過企業文化。所以霍羅維茲這本書異常珍貴，因為它是少數從彼岸帶回的真諦。創業ＣＥＯ、企業經理人，從此可少一些迷惘、走更多正道。

推薦序

創業的第二階段：透過打造公司去打造產品

Dcard創辦人暨執行長　林裕欽

二〇一七年初，在創業最初的一年多，發生了一件至今仍令我印象深刻的事情。公司一位夥伴有一天看到我，關心的問了我一句：「Kytu你是不是工作得很不開心？」當時似乎有一百公斤重的拳頭狠狠打在我臉上，身體還在原位，但心靈卻被擊飛到九霄雲外。

技術背景出身的我，在最初成立公司時，喜歡鉅細靡遺了解每個細節，同時希望組織裡不出現任何階層。然而這樣的做法無法持續，這是一道簡單的數學題：「正常上班時間四十個小時，如果公司有三十個人，每個人只能分到一個多小時。」隨著公司人數的擴張，營運出現許多問題。公司大小事情都等著我決定，決策的速度變得很慢很慢。惡性循環下，我也漸漸沒辦法掌握每個狀況，決策的品質每況愈下。

創業CEO的兩階段思維

事情不敢授權，往往是自己也不清楚該如何做。或是只有模糊的準則，期待別人用通靈的方式完成。然而你自己也不明確，怎麼又期待別人知道呢？

夥伴的一個問題，就像當頭棒喝一般，告訴我需要改變。於是我開始大量學習，期望透過學習改變自身，也改變現狀。為了抽出更多時間學習，我調整作息，每天五點半起床，把早上多出來的三、四個小時拿來學習。漸漸的，學習改變了我的認知，也改變了我的行為。

從大量閱讀以及與前輩交流下，我總結公司有兩個階段：第一個階段是專注打造產品，這時候CEO總是一把抓；第二個階段除了打造產品外，CEO更重要的工作是「透過打造公司去打造產品」。

儘管人的能力能夠不斷提升，然而時間卻總是有限的。於是面對一個嚴峻龐雜的問題，團隊遠比個人能發揮更大的作用。而一個公司裡團隊真實上是如何做事，就是公司文化。

What you do is who you are. Then why you do it?

就像了解自己是一輩子的課題，要定義公司文化並不容易。公司文化是團隊怎麼做（WHAT YOU DO），更重要的是先找到團隊為什麼（WHY）這樣做事情。而這個原因（WHY），可以叫它使命願景。而我更喜歡向別人直白的解釋成：「你希望這世界未來變成怎麼樣？」

於是我跟團隊不斷討論對未來的想法，也逐漸再次意識最初成立公司時有怎樣的美好想像。每個人都渴望被理解、被認同、產生連接，我們希望「讓每個人找到共鳴」，同時我們也希望「台灣有一間世界級的網路公司」。在半導體產業的時代，台灣有許多在世界上具有影響力的企業。然而在網路時代，由於本土缺乏機會，人才不斷外流。於是，我們希望把Dcard做得更好，讓美好的未來可以實現。

然而做成這件事情是相當困難的。要達成這件事情，我們歸納出有兩項能力至關重要：由於我們所處的產業快速變動，社群又是其中變動更快的地方，持續「快速學習」的能力就是重中之重。而社群平台的一舉一動都影響著社會，必須大量「團隊合作」、必須不斷交流補足觀點，做出更全面的決定。

基於以上兩點，我們重新思考過Dcard的價值觀，以及一系列的文化制度，落實在工作中的層面。從招募開始就尋找價值觀契合的人，並且一步一步凝聚團隊的共識。在Dcard，不論任何團隊內彼此都有讀書會，我們也提供大大小小、各式各樣的學習補助，舉凡書籍採買、線上課程到跨國會議參加。

訂定價值觀並且堅持下去

訂定價值觀容易，堅持才是真正困難的地方。「把一個問題往上層丟，得到的回應就是公司文化。」我常覺得維護公司文化是相當違反人性的。短期利益的誘惑、個人的主觀偏好、董事會與外部市場的壓力，都會使得決策與希望的企業文化偏離。這時要把自己抽離成兩者，一個是定義公司文化的自己，另一個自己則去堅守公司文化做決策。

隨著時間的推移，一次一次的決定與溝通，漸漸的，每個人都更理解公司的方向，以及我們希望的做事方式。授權、溝通、決策都變得更高效。從一個人獨自奮鬥，變成一群人共同努力。

而文化也並非一成不變，文化的制定也非一勞永逸。可以想見一百年前的企業文化，不一定適合一百年後的未來。文化的演變是個循環，當下的市場環境引導出使命願景，使命願景決定企業文化價值觀，企業文化價值觀又帶領團隊到下個市場環境。往復循環，不斷變化。

定時檢視公司文化，就像維護產品一樣時時修正，不斷調整，是創業第二階段CEO更重要的責任。而這本書可以提供很多幫助。

You must unlearn what you have learned. Periodically.

推薦序

文化，是一群人一年365天的事

綠藤生機共同創辦人暨執行長 **鄭涵睿**

這是我讀過關於組織文化最精彩的一本書，這本書可能會讓你重新思考，自己到底是如何成為現在的自己：

- 在一個尋常上班日的早晨打開衣櫃，你決定穿著正式、完整妝容，還是輕鬆裝扮？
- 進到早晨的辦公室見到同事，你是大聲招呼、單純眼神交會，還是留給對方一個安靜的空間？
- 工作達成了新的里程碑，應該站起來與旁邊同事擊掌歡呼、立刻回報主管，還是

在心裡小小慶祝？

這些好像都是我們個人的選擇，卻都深深受到組織文化的影響，而除了工作時我們如何決策，組織文化也深深影響我們下班後的生活。如同作者在書中所述，文化一經吸收，就成為如影隨形的行為準則，畢竟，辦公室是人們清醒時花最多時間的地方，人們在辦公室的行為將會決定自己是誰，我們無法以完全不同的原則面對外界、面對同事、面對自己的家人與朋友；從另外一個角度來看，改變文化，就在改變組織與同事的未來，而《你的行為，決定你是誰》給予了許多具體的方向。

第一次接觸這本書是在二〇二〇年初，新冠肺炎蔓延之際，作者透過四種歷史模型展開論述，並以採取同樣文化技巧的現代範例作為輔助，從日本武士道、成吉思汗、海地革命英雄、到現代科技新創，橫跨數個世紀，提供大量的範例讓讀者可以從中學習與應用。閱讀的當時，除了新冠肺炎改變我們工作的方式，我也正面臨創業十年的十字路口，很感謝在這特別的時機點，很感謝這本書讓我重新檢視綠藤的文化、反思創業近十年的歷程，甚至，其中三點重要的學習，對組織更有深遠的影響：

一、文化必須隨時演進，以因應新挑戰

隨著組織不同階段，面對不同的挑戰，文化必須隨之搭配演進，而文化與策略，應該相輔相成。由於亞馬遜的長期策略聚焦於更低價的商業模式，所以亞馬遜企業文化特別注意節儉的做法；蘋果這樣以打造全世界外觀最漂亮、設計最完美的產品作為策略，節儉反而可能成為生產力的絆腳石。這讓我重新思考，當品質與速度、計畫與彈性無法兼顧，怎麼樣的選擇，會更適合綠藤往未來十年前進。

二、別忘了保存運作良好的文化準則

書中第一個歷史模型、作者正式提及的第一項技巧，不是直接改變，卻是保存現有文化運作良好的部分，甚至引用賈伯斯名言：「要記住自己是誰，其中一種方法就是記住你的英雄是誰。」隨著綠藤近年的快速成長，外來中階主管與新進同事人數愈來愈

多，這項技巧啟發我們重新分析過往成功的內部活動、整理過往故事與背後蘊含的價值觀，透過每日、每週、到每月的內部活動時間重現，在疫情的同時凝聚了團隊。

三、珍惜文化的關鍵時刻

綜觀許多書中許多案例，總是在不尋常的特定事件發生後所決定。每一個組織總會面臨意見的衝突、意外與危機，而在當時必須面臨決策的兩難，然而，這不就是組織文化與價值觀重新對焦的最佳時機？在綠藤，我們常說：「文化，是一群人一年365天的事」，當這些關鍵時刻出現時，讓公司內部的文化小組達成共識，就能帶給組織更好的可能性。

關於文化，我一直很喜歡亞里斯多德的一段話：「我們的重複行為造就了我們，所以卓越不是一種行為，而是一種習慣。」期待這本書，讓你習慣成為一個更好的文化塑造者。

獻給曾經因為不當行為坐牢、
但現在正在採取積極行動的所有人。
我看見了你們正在做的事。我知道你們是誰。

本書收入將全數用於幫助
已經出獄且致力改變文化、維持自由之身的人，
以及正在海地試著重建社會、重返往日榮光的人。

目錄

WHAT YOU DO IS

WHO YOU ARE

導讀

從「我們的行為」到「我們是誰」

哈佛大學教授暨文學評論家　小亨利・路易斯・蓋茲（Henry Louis Gates Jr.）

在開啟哈林文藝復興（Harlem Renaissance）的世俗聖經《新黑人》（*The New Negro: An Interpretation*）中，* 孜孜不倦的愛書人阿圖洛・熊柏格（Arturo Schomberg）在〈挖掘過去的黑人〉（The Negro Digs Up His Past）的文章中指出，長久以來「由於黑

* 哈林文藝復興是一九二〇年代，以美國紐約哈林區為中心發展出的黑人文化運動，又稱「新黑人運動」（New Negro Movement），主張在文學、藝術、社會與政治上，重新樹立新黑人形象與文化。「新黑人運動」取名自哈佛大學博士艾蘭・洛克（Alain Locke）編輯出版的文選《新黑人》，書中收錄多篇年輕黑人作家的詩歌、散文、戲劇與小說，對當時的黑人文壇影響相當大。

人文化被認為不具價值，黑人也被視為沒有歷史的人」。波多黎各出生的熊柏格不只透過書寫找回被美國白人同化的黑人文化，還蒐羅史上最大量的手稿、藝術品以及稀有工藝品，重新聚焦定位黑人文化。他的收藏最後成為紐約公共館藏的核心至寶之一，促成熊柏格黑人文化研究中心（Harlem's Schomburg Center for Research in Black Culture）的落成，這棟建築座落在歷史豐富的哈林區心臟地帶，麥爾坎X大道五一五號，為後世帶來教育意義與啟發。

在將近一個世紀後，我們當中出現了另一位獨具遠見的思想者，矽谷的科技創業家本・霍羅維茲（Ben Horowitz），他的著作令人驚豔的揉合商業、領導，以及與偉大的熊伯格具備相同智識基礎的文化研究底蘊。霍羅維茲筆下的篇章皆別有洞天，翻開每一頁都會發現主題之下還有子題，層層包裹。這本書一反常態，不探討成功商業個案，或是培養蓬勃、互助的職場文化的重要性；霍羅維茲樹立了獨特的創新定義，在當今「長字輩」高階主管（C-suite）與講求開放辦公室的科技巨頭之外，從現在、過去甚至歷史當中，精心挑選出有色人種的領導故事作為核心。其中包括杜桑・盧維杜爾（Toussaint Louverture），他是十八世紀末、十九世紀初帶領海地革命成功的天才，這場革命也是西方歷史中唯一成功的奴隸革命；日本武士，他們遵行的武士道提升了美德的層次，並且超脫價值；成吉思汗，他是終極的外來者、歷史上最戰無不勝的軍隊領導人，廣納戰敗者中最優秀賢明的人才加入軍隊；還有最令人動容的個案詹姆斯・懷特（James White），也就是夏卡・桑戈爾（Shaka Senghor），他帶著駭人的謀殺罪名脫離隔離監禁後，步入密西根州的監獄，接著成為暴力幫派黑色素（Melanics）的頭子，但是，他隨後轉而引領幫派專注進行一場文化革命，讓他們在出獄後致力於社區提升。

霍羅維茲專注在這些充滿動能的人物身上，凸顯出他不愧是科技業裡最開放又堅定的創新者；「創新」對他來說不在於執行已經很好的點子，而是講求走在最前端、甚至可能被視為反主流的原創性。在本書中，霍羅維茲將試圖說服讀者接納他的經驗觀點，了解到最強壯又能永續的文化是奠基於行動而不是言語；是個性與策略的結合；是新員工而不是老員工，以及新員工在上班第一天就直接接觸、評估後，盡力吸收內化的規範；是能夠容納外來人才與觀點的開放性；是承諾將致力於優異、有意義的明確道德規範與有原則的美德；以及同樣重要的是，不畏懼在組織裡提出「震撼規則」，而且規則要讓人難以忘懷，甚至無可避免的問出：「為什麼？」

為了證明「為什麼」，霍羅維茲不提財星五百大公司（Fortune 500）的常勝軍，反倒找上歷史上非主流的「邊緣人」。在這些領導人的身上我們會發現，他們的故事揭露對文化創建而言最核心的教訓與洞見。

從本質上來看，本書從內容與結構，到霍羅維茲援用的嘻哈傳奇人物作品的詞句，都完美的與主題相互輝映。本書令人振奮，其中不只包含從盧維杜爾與桑戈爾故事中擷取的教訓，以及充滿驚喜與深具啟發性的建議。此外，還有獨具天賦的領導人霍羅維茲，他身為響雲端（LoudCloud）執行長與安霍創投（Andreessen Horowitz）共同創辦人，一路上見證到的現代商業與政治場景。透過本書，霍羅維茲以直指人心的洞察與令人難忘的效果，引出非裔美國文化中的關鍵特質「表意」（signifying）：以幽默表達敬意、景仰與尊崇。本書同時也是向歷史傳統致敬的著作，例如先賢熊柏格因身處種族隔離法時期而飽受折磨，這些先賢的犧牲奉獻足以封聖。然而正如杜博依斯（W. E. B. Du Bois）所指，熊柏格等人的犧牲奉獻，是為了讓後來的世世代代能看到「帷幕的背後」（behind the veil），從經驗中挖掘出過往人們夢想著要促成的全新、真正的大都會世界文化。在這本截然不同的著作中，霍羅維茲聚焦於他在主流邊緣尋獲的文化創造者的智慧，提供讀者顛覆思想的觀點，讓我們重新端正「我們的行為」進而重新定義「我們是誰」。

本文作者小亨利・路易斯・蓋茲（Henry Louis Gates Jr.）為哈佛大學教授，於二〇〇六年榮升哈佛大學校級講座教授（University Professorship），這是哈佛大學最高等級的榮譽頭銜，目前僅有二十五位教授獲得此榮譽。蓋茲也是美國文學評論家、作家、歷史學者以及榮獲艾美獎的電影製片人。

前言
塑造企業文化最重要的事

為遺世獨立而喜，否則你將無謂的耗費所有精力；未曾苦其心志者是無用之人；未曾犯錯的武士，將永遠得不到教訓。

——《葉隱聞書》

我第一次創業成立響雲端（LoudCloud）時，向各公司的執行長和業界領導人尋求建議。他們都告訴我：「注意你的企業文化，文化最重要。」

但是當我反問：「文化到底是什麼？我要怎麼影響企業文化？」他們的回答就變得

極度模稜兩可。接下來，我花了十八年試圖找出答案。企業文化就是在辦公室養狗、在休息室裡做瑜珈嗎？不是，那些只是福利。企業文化是企業價值觀嗎？不是，那些只是雄心壯志。那麼，執行長的個人特質與公司的優先事項就能代表企業文化嗎？也不是，這些條件能幫助文化成形，但是離企業文化的核心還遠得很。

擔任響雲端執行長時，我認為我的價值觀、行為與個人特質，應該就能反映出企業文化，於是我把所有心力聚焦在「以身作則」上。結果，我卻困惑又驚恐的發現，這種做法在公司成長發展之際無法跟著有所進展，於是企業文化變成各管理者各行其是的胡亂混搭風格，而且這些文化多半是在無意間形成。有些管理者屬於威脅嚇人的吼叫型主管，有些則無心提供部屬任何回饋，有些人連電子郵件都不回覆。公司簡直一團亂。

其中有一位中階主管，我們就稱呼他為索頓（Thorston）吧。我覺得這個人還不賴，他在行銷部門工作，非常會說故事，而且說故事是相當重要的行銷技能。但是，從不經意聽到的閒談中，我驚訝的發現他把說故事的技能帶往另一個層次：不斷在所有事情上說謊。因此索頓很快就離開公司，但是我知道有個更深層的問題必須處理：我過了這麼多年才發現他是說謊慣犯，而這幾年來他又受到拔擢，因此這意味著，在響雲端的企業文化中，說謊騙人也沒關係。我終於學到教訓，即使我從來沒有公開支持這種行徑，但他卻輕易脫身，這讓說謊看來無傷大雅。那麼，我該如何撥亂反正、重新建立企業文化呢？我毫無頭緒。

為了真正搞清楚企業文化的運作機制，我知道必須研究得更徹底。所以我問自己，企業目標或使命可以解決下列多少個問題？

- 這通電話有重要到我今天就必須回覆嗎？還是可以等到明天？
- 我可以在年度績效考核前就要求加薪嗎？
- 這份文件的品質已經夠好了嗎？還是我應該繼續努力？
- 我必須準時參加那場會議嗎？
- 我應該住在四季飯店（Four Seasons）還是紅屋頂酒店（Red Roof Inn）？*

---

* 四季飯店是世界級豪華連鎖飯店與度假村集團，紅屋頂酒店則是美國的經濟型連鎖酒店。

- 談合約時，價格比較重要，還是夥伴關係比較重要？
- 我應該指出同事的錯誤，還是讚揚他做對的地方？
- 我應該在下午五點下班，還是晚上八點下班？
- 我應該更努力進行競爭分析嗎？
- 我們應該花五分鐘還是半小時討論這項新產品的顏色？
- 如果我知道公司裡有事情不對勁，我應該說出來嗎？應該跟誰說？
- 勝利比倫理更重要嗎？

答案是零。

這些問題沒有正確解答。對你的公司來說，正確解答關乎你的公司是怎樣的公司、公司做哪些事，以及公司想要變成什麼樣子。事實上，公司員工如何回答這些問題就體現了你的企業文化。因為，企業文化就是當你不在時，公司如何做出各式各樣的決定，就是員工每天用來解決問題的那套無形概念，以及他們私下的行為。如果你不是有系統的設定企業文化，那麼其中三分之二的文化最後將會靠著意外形成，而剩下的三分之一則是由錯誤所構成。

所以你要如何設計、形塑這些幾乎看不見的行為呢？我向夏卡・桑戈爾（Shaka Senghor）尋求解答。桑戈爾在一九九〇至二〇〇〇年間，在密西根州監獄裡經營著一個很有影響力的幫派。桑戈爾知道夥伴的生命全都得仰賴幫派的文化。他告訴我：「這很複雜，比如有人偷走幫裡人的牙刷，你要怎麼處理？」

我說：「那聽起來蠻無害的，可能小偷只是想要潔淨的牙齒？」

他糾正我：「不會有人只是為了一口潔淨的白牙而甘冒風險，這種行為是在測試，如果我們沒反應，代表他可以搶劫更多東西、強暴我的幫派成員，甚至殺掉他們搶走生意。所以如果我不做任何事，就是置兄弟於風險之中。殺死這傢伙的嚇阻力或許很大，但也可能創造出極端暴力的文化。」他手一攤說：「就像我說的，這很複雜。」

確認你想要的文化非常困難。你不僅必須找出你想要公司努力前進的方向，還得找出要走哪條路徑才能抵達。對很多新創公司來說，節儉文化關乎生存，因此員工出差只能住在紅屋頂酒店自然很合理；但是Google每年支付業務員五十萬美元的年薪，而且還希望能夠留住他們，當然會想要讓他們在跟寶僑（Procter & Gamble）開重要的會議之前，能夠先在四季飯店睡個好覺。

同樣的，在新創世界裡，所有人都必須跟時間賽跑，長時間工作等於是標準配備；然而在Slack，執行長史都華・巴特菲爾德（Stewart Butterfield）則是深信，如果你上班時努力工作，可以有效率的完成很多事。所以他總是早早打卡下班，也鼓勵員工比照辦理。

在蘋果（Apple）有效的文化，對亞馬遜（Amazon）來說永遠不會有用。在蘋果，獲取世界上聰明絕頂的設計是最重要的事，為了強化這樣的訊息，蘋果花費五十億美元打造流線型外觀的嶄新總部。在亞馬遜，傑夫・貝佐斯（Jeff Bezos）有一句名言：「你那豐厚的毛利就是我的機會。」為了強化這則訊息，他讓整家公司在所有事情上力行節儉，就連員工也只用十美元的辦公桌。這兩種企業文化都可行。蘋果的產品設計顯然比亞馬遜的產品漂亮得多，但亞馬遜的產品價格則是比蘋果的產品便宜超多。

文化並不是使命宣言，也不是寫好放著就能永久不變的執行。在軍隊裡有種說法是，如果你看到某些事情低於標準卻毫無反應，那你就已經設下了新的標準。這對企業文化來說也是一樣：如果你看到某些不符合文化的事情卻選擇忽略，那麼你就已經創造了新文化。而且，隨著商業情況改變以及公司策略演進，你必須隨之改變文化，因為目標總是不斷的在變動。

文化是一股強大的力量

在商業世界中，如果你有強大的文化，但是沒有人要用你的產品，你就失敗了。這樣看起來文化似乎沒有產品那麼重要；但是，如果你看得更仔細，隨著時間演變，文化可以克服一個時代中看似牢不可破的結構性障礙，並且轉變整個產業的慣常行為模式與種種社會體系。從這樣宏觀的角度來看，文化是宇宙中那一股強大的力量。

一九七〇年代時，一群來自紐約布朗克斯（Bronx）的窮孩子，創造出一種全新的藝術形式：嘻哈（hip hop）。他們只用一個世代就克服貧窮、種族歧視，以及來自音樂界的龐大反對力量，建立世界上最受歡迎的音樂類型。他們發明了一種文化，以直白與掙錢狠角色的態度（hustler's mentality）為根基，並且就此改變全球的文化。

我們可以從嘻哈ＤＪ的根基起源「碎拍」（breakbeats）看到所謂的掙錢狠角色態度。碎拍是一首歌當中最能讓舞池人群跟著瘋狂熱舞的片段，也就是以鼓聲與貝斯聲或單純鼓聲為主、節拍強烈的基礎段落（breakdown）。那些人們沒聽過、最新穎的碎拍，通常會出現在鮮為人知的無名唱片中。但是由於這些唱片毫無名氣，就算突然售完通常也不會再版，於是形成供應鏈上的問題。不過，嘻哈文化中的創業者精神馬上發威，適時找到方法解決供應不足的問題。拉夫・麥克丹尼爾斯（Ralph McDaniels）是將饒舌音樂錄影帶推進電視頻道的第一人，也是「致敬」（shout-out）這個詞的發明者，他這麼跟我說：

> 有一個叫做連尼・羅伯特斯（Lenny Roberts）的傢伙把這些唱片供應給店家，他精準掌握哪些唱片會賣，因為他來自布朗克斯，那裡就是一切的起源。他把這些碎拍音樂唱片推銷給非洲邦巴塔（Afrika Bambaataa）和閃耀大師（Grandmaster Flash）。* 當閃耀大師放出這些作品時，其他ＤＪ馬上就會想「喔，我一定要擁有這張唱片」。接下來，這些唱片馬上銷售一空。後來連尼把這些碎拍片段串接

起來壓製成唱片《碎拍一輯》（*Breakbeats Volume One*）、《碎拍二輯》（*Breakbeats Volume Two*）等；他當然沒有取得授權，但當時沒人注意到。

人們常常問我為什麼總是在文章開頭引述與嘻哈相關的詞句，部分原因是這是我無法實現饒舌歌手夢（這是真實故事）的遺毒，但主要還是因為我對創業精神、商業與文化的大部分想法，都是在聆聽嘻哈音樂時產生，所以藉由這個方式表達我對嘻哈音樂應有的尊重。我總覺得早期的嘻哈歌曲，像是Eric B. & Rakim的〈追隨領導人〉（*Follow the Leader*）或是Run-DMC的〈搖滾之王〉（*King of Rock*），就是在描述我創業時的所作所為，完全體現出我的工作文化。

嘻哈文化中「掙錢狠角色」（hustling）的部分讓嘻哈的生意得以持續，然而「誠

---

* 非洲邦巴塔被譽為「嘻哈教父」，他和閃耀大師都是碎拍DJ的發起人，他們和庫哈克（Kool Herc）並稱嘻哈界三大鼻祖。

實」（honesty）才是粉絲受到吸引的主因。偉大的饒舌歌手納斯（Nas）跟我說過，當他還是個孩子時：

> 強烈吸引我的是嘻哈文化中那股生猛的氣息。世界原本應該要像《脫線家族》（*The Brady Bunch*）那樣如同照片般完美，我們也都試著要成為脫線家族，然而事實上我們卻是《一窩小屁蛋》（*The Little Rascals*）。饒舌說明生活現況：犯罪、貧窮和貪腐的警察。饒舌音樂洗掉炫技、福音、放克或嬉皮的元素，不斷精煉、去除其他東西，又自我撕扯、卸除到只剩下誠實。

在美洲大陸的另一邊，加州有一群工程師則是建立起一套文化創新，幾乎改變所有商業運作的方式。一九六〇年代，積體電路（integrated circuit）或稱為微晶片（microchip）的共同發明者鮑伯・諾伊斯（Bob Noyce）*負責管理快捷半導體（Fairchild Semiconductor），這是快捷相機與儀器公司（Fairchild Camera and Instrument Corporation）旗下的部門。

快捷相機與儀器公司以紐約為根據地，採取東岸的經營作風，這種營運方式後來成為全國大公司起而效尤的做法。快捷公司的老闆薛曼・費爾查德（Sherman Fairchild）住在曼哈頓的獨棟樓房裡，房屋是由玻璃與大理石建構而成。快捷公司的高階主管都享有配備司機的汽車，還有自己的停車位。就像湯姆・沃爾夫（Tom Wolfe）在一九八三年刊載於《君子雜誌》（*Esquire*）的文章〈閃亮的羅伯特・諾伊斯〉（The Tinkerings of Robert Noyce）中所述：「東岸的企業採取封建制度的運作方式，並且完全沒有自覺，這些組織中有國王、諸侯，也有家臣、士兵、自耕農和奴隸。」

鮑伯・諾伊斯完全不相信這種經營方式，因為實際上是他的工程師（自耕農）發明產品、帶動生意。所以快捷半導體的做法不同，公司希望大家早上八點就進公司上班，最早到的人可以把車停在最好的停車位，辦公室在聖荷西一棟倉庫中，裡面都是半開放式的隔間，沒人穿西裝。

---

* 鮑伯・諾伊斯的本名是羅伯特・諾伊斯（Robert Noyce），鮑伯（Bob）是羅伯特（Robert）的小名。

諾伊斯並沒有聘用任何專業管理人。他說：「教導而非指導是現在領導人最重要的特質。把障礙移除，讓人們做自己擅長的事。」這創造出一種新文化，而且是每個人都負責主導的賦權文化，而諾伊斯會從旁協助。如果研究員有新構想，可以直接動手執行，一年之內都不會有人過問結果。

享受到諾伊斯獨立文化甜頭的員工，後來開枝散葉各自成立公司，像是雷神半導體（Raytheon Semiconductor）、西格尼蒂克（Signetics）、通用微電子（General Microelectronics）、英特矽爾（Intersil）、超微半導體（Advanced Micro Devices，簡稱AMD）與夸利迪恩（Qualidyne）。無心插柳之下，諾伊斯創造出矽谷文化。

一九六八年，諾伊斯因為沒拿到公司執行長的職務而提出辭呈，就此離開快捷半導體並且成立新公司。他與同事戈登・摩爾（Gordon Moore）以及年輕的物理學家安迪・葛洛夫（Andy Grove）共同創辦英特爾（Intel），挑戰當時逐漸崛起的資料儲存市場。摩爾就是提出「摩爾定律」（Moore's law）的人，他主張未來每十八個月晶片效能將倍增、價格則會腰斬。

在英特爾，諾伊斯將他的平等主義發揮得更淋漓盡致。每個人都在同一間大辦公室裡工作，每個位置以隔板隔開，諾伊斯則是坐在一張二手鐵桌前；公司提供三明治與汽水當午餐。公司裡沒有副總經理，由諾伊斯和摩爾直接監督手握龐大決策權的中階經理人。在會議中，領導人決定議程，但其他每個人都是平起平坐。

此外，非常重要的是，諾伊斯分給工程師還有多數辦公室員工數量可觀的股票選擇權。他相信，在一家由研發與產品主導的企業裡，當工程師真正擁有公司，就會表現得像是老闆。

沃爾夫還觀察到，「在英特爾，包括諾伊斯在內，每個人都必須參加『英特爾文化』（the Intel Culture）會議。」會議是由安迪・葛洛夫操兵，讓新員工得以重複演練熟悉企業文化；葛洛夫後來成為公司執行長以及知名的文化創新者。他會問：「你會怎麼總結英特爾的文化？」有些人可能會回答：「在英特爾，你不會等到別人動手，自己就會接球往前跑。」葛洛夫則是會回答：「錯。在英特爾，你會把球接起來、放掉空氣後折好放進口袋，然後接起另外一顆球往前跑。等你抵達目的地後，再把口袋裡那顆球拿出來充氣，這樣一次可以拿下十二分而不只是六分。」

這樣的氣氛能讓創意想法源源不絕。如果要說矽谷什麼最重要，那絕對是創意至上。突破框架的新構想向來難以管理，原因有二個：第一、創新構想的失敗機率比成功機率高很多。第二、創新構想在取得成功前總是頗具爭議。如果每個人都能立刻理解這些創新構想，那麼想必這些構想根本不創新。

想像一下，嚴格要求當責的文化認同要懲罰失敗，這是美國東部相當常見的企業文化，於是主管會盡力維持現況，不計一切都要想辦法避開失敗。即便碰上一個失敗率高達九成、一旦成功則能得到千倍回報的構想，懲罰失敗的公司永遠不會投入資源。

對於剷除一看就知道的壞構想，組織層級是很有用的工具，因為如果新的構想能夠一路過關斬將，它早就身經百戰與其他所有構想比拚過，於是最後出線的構想顯然會是好構想。不過問題是，明顯很好的構想並非真正創新，因為真正創新的構想在一開始介紹時看來都很糟。西聯（Western Union）的例子就很有名：西聯清楚知道，讓他們賺錢的電報事業仰賴資訊準確性與廣域、長距離的聯繫，但是在當時，電話通話過程中有很多噪音、通話者容易聽錯，又無法遠距通話，因此西聯完全錯失機會，沒有買下亞歷山大・葛拉漢・貝爾（Alexander Graham Bell）的電話專利與技術。維基百科（Wikipedia）當年剛開始的時候也被當成笑話，畢竟由群眾共同彙整的東西，怎麼可能取代世界頂尖學者的作品？到了今天，維基百科的內容龐雜，遠勝以往任何一套百科全書，普遍被視為當今唯一的百科全書。

英特爾文化透過鼓舞員工、賦予創新構想機會，開創了一套更好的商業模式。我的生意夥伴馬克・安德森（Marc Andreesen）幾年前寫過一篇文章，名為〈軟體正在吃掉全世界〉（Software Is Eating the World），他描述科技是如何擴張到科技產業以外，逐漸掌握每個傳統產業，從書店到計程車車隊甚至是飯店業。現存的公司已經被迫採用諾伊斯的文化，不然只能等著被生存威脅給吞噬。我們看到通用電子為了跨足無人駕駛車產業，在併購自動巡航（Cruise Automation）時採用股票選擇權制度，沃爾瑪（Walmart）在併購 Jet.com 時也採取類似的做法。

科技變成一種消費性的現象，數以千計的非科技人想出能夠運用科技的偉大構想，不過當新創公司把程式設計工作外包，幾乎總是失敗，為什麼？因為要根據當初的特定想法打造應用程式或是網站總是很簡單，但是要建立可以擴充、演進並且優雅處理麻煩狀況等的東西，那就很困難了。一位偉大的工程師如果也是公司的「老闆」，無論是實際上或是精神上的老闆，就會把時間與精力投資在剛剛提到的事情上，打造一個可以跟著公司成長的產品。鮑伯・諾伊斯不只了解這個道理，還創造出支持這個想法的文化，然後就此改變世界。

四種有效的文化模式

文化明顯具有強大的效力，所以，你要怎麼形塑它？你要怎麼把文化深植在人心裡？如果出問題，你要怎麼修復？

這些問題引領我找到更多、更重要的問題，它們也帶我找到架構更大的參考資料。文化要如何在不同的脈絡裡運作？又是什麼因素讓文化可以持續多年？

我對歷史一直很有興趣，特別是在不同環境中成長的人，如何出乎我原先的預期，採取不同的行動。舉例來說，我從來沒想到出生於奴隸背景、長大後解放海地奴隸的人也會擁有奴隸，不過事情真是如此。了解歷史文化將如何塑造人們的觀點後，我開始思考他們要做什麼才能改變自己以及他們的文化。一旦掌握到這點，我應該就掌握住創造我想要的文化的關鍵要素。

我特別挑選出四種模式，其中一種目前還活跳跳的在運作。我並不是在尋找理想文化的終極境地，畢竟這四種模式中有的會製造出極度的暴力，或者甚至是有問題的文化，我要找的是非常有效率的打造自己想要的文化的人。這些模式促使我提出更宏大的問題：

- 為什麼人類歷史上只出現一起成功的奴隸革命？海地的杜桑・盧維杜爾（Toussaint Louverture）是怎麼扭轉奴隸文化，讓精心策劃的行動成功？
- 武士道作為武士的行為準則，又是怎麼讓武士這個階層統治日本七百年，並且形塑現代日本的文化？有哪些文化上的美德賦予這些武士權力？武士將他們遵行的原則稱為「美德」而非「價值」，因為美德是你做出的行為，價值則只是你相信的事物。我們將會發現，所作所為才重要。（接下來我會使用「美德」代表理想的情境，「價值」則是現在大多公司支持的做法。）那些武士到底如何專注於以行動體現文化？

- 成吉思汗怎麼建立起全世界最大的帝國？他明明完全就是個局外人，年幼時就被自己的小小遊牧部落給監禁，因此不難理解他為什麼想要打破既有的階級制度。不過，究竟他是如何創造出一套兼具創新與包容的精英制度，讓他在對手停滯不前時仍然可以持續成長、改進？
- 夏卡・桑戈爾因謀殺罪被關進密西根監獄服刑十九年，他如何讓他的獄中幫派變成最兇惡、成員關係最緊密的集團，再進一步轉化為完全不同的團體？文化是怎麼讓桑戈爾成為殺人兇手？他又是怎麼跨越、凌駕於那樣的文化？後來他又做了哪些事，讓一群法外之徒變成有凝聚力的團隊？最後，他如何察覺到幫派裡有哪些地方讓他看不過去，而且還靠著改變自己，扭轉整個監獄的文化？

公司就像幫派、軍隊與國家，都屬於大型組織，而且都會因為組織成員最微小的日常行徑而高低起落。但是，公司之所以成功究竟是文化或其他因素促成，要找到答案非常困難。大多商管書不會從廣泛、社會學的角度看待文化，通常都是等到公司成功後才試圖剖析原因，這種做法完全是倒果為因。很多成功企業的文化不堅定、不一致甚至是有問題，但是如果企業有一項市場需求量極大的產品，就可以克服悲慘的環境，至少可以撐一陣子。如果你不相信我，不妨好好研究一下安隆公司（Enron）。

為了避免倖存者偏誤（survivorship bias）這種邏輯上的錯誤，我不會聚焦在成功企業的案例，這樣大家才不會把文化誤認為是它們成功的原因。我會試圖避開反向工程（reverse engineering）的做法，改為檢視企業領導人為了鞏固文化而使用的特定技巧，並且把這些技巧造成的效果呈現給大家看。所以，在本書中，你不會看到任何絕對的「最佳文化」，這裡只有幫助你打造出你想要的文化的技巧。

如何閱讀本書？

我會先檢視稍早提過的四種歷史模型，然後以採取同樣文化技巧的現代範例作為輔助。當你閱讀前七章時，請思考杜桑・盧維杜爾或成吉思汗等領導人如何看待文化，以及即使身在極度困難的環境中，所有條件都對他們不利時，他們如何發明工具來轉變文化。請記下你想要仿效的措施，也記下與你牴觸的觀點，這些筆記或許會意外的派上用場。日本武士如何設計出一套文化，其中所有元素是如此完美融合？夏卡・桑戈爾年紀輕輕就入獄，卻能找出監獄運作的方式，他的個人經驗與你公司裡的新員工又有什麼關係？

比起讓員工在四下無人時依照你想要的方式行動，建立一套文化可是更加複雜許多。別忘了，你的員工絕對不是完全相同的一群人，他們的國籍、族裔、性別、背景甚至年代都不一樣。每一個人都會為你的組織帶來不同的文化觀點，要讓他們心悅誠服的遵從同一套規矩，這可是個充滿挑戰的難題。

想要讓他們依照你的想法改變，你得先以他們原本的面貌看待他們。我也想提供你一套簡單的步驟，但是要達到目標沒有捷徑。不過，我們會從不同角度來思考所有的問題，也會提供現代企業的個案分析；這些個案通常取材自我與企業領導人的對話，他們都迫切想要改變企業文化。例如，我會檢視網飛（Netflix）的里德・哈斯廷斯（Reed Hastings）、優步（Uber）的崔維斯・卡拉尼克（Travis Kalanick）與希拉蕊・柯林頓（Hillary Clinton）如何運用或是應該如何運用杜桑・盧維杜爾的文化技巧；

也會探討麥當勞首位非裔執行長唐・湯普森（Don Thompson）與前線通訊（Frontier Communications）前執行長瑪姬・伍德羅特（Maggie Wilderotter）的想法如何與成吉思汗的文化包容視野不謀而合。

在本書的第二個部分，我會陪著你了解你是什麼樣的人、你的公司採取哪些策略，並且進一步幫助你利用這些資訊，打造取得成功所需的文化。文化只會在領導人積極參與、大力鼓吹的情況下才會發揮作用，但是多數人並沒有準備好一套個人文化價值觀的清楚定義。所以你要如何定義你是誰、你有哪些部分與組織相契合（或是相抵觸）？你要如何成為連你都想要追隨的領導人？

接著我會檢視一些極端個案，這些個案可能會讓你的企業文化自相矛盾，或是與商業上的優先事項起衝突。最後，我會討論各種文化都適用中的一些要素，並且提供一份關鍵原則清單。

文化並不是一套魔法規則，可以讓所有人以你想要的方式做事；文化是一套行為準則，而你希望大多數人在大部分時間內都會遵循這套準則。批評者很愛攻擊那些「文化失能」或是「道德敗壞」的公司，但是企業文化要能運作，還得不出錯，根本是奇蹟。

沒有一家大企業能夠讓員工百分之百的遵從每一項價值觀，但有些企業就是做得比較好。我們的目標是要做得更好，而不是達到完美。

最後，我要說一句喪氣話：有偉大的企業文化不一定能造就偉大的企業。如果你的產品不夠優異或市場不買單，無論文化有多好，你還是失敗。對企業來說，文化就像是有抱負的職業運動員吸取的營養與進行的訓練計畫。如果運動員夠有天分，即使營養相對不足、訓練計畫未達水準，他還是會成功；如果運動員就是缺乏天分，就算攝取充足的營養，還有毫不懈怠的訓練，他也沒有資格進軍奧運。但是，良好的營養與訓練的確能讓每一位運動員更上一層樓。

如果連偉大的文化都無法確保成功，我們何必花心思呢？到最後，為你工作的人不會記得公司有哪些媒體露出或是得獎記錄，不會記得每一季的業績起伏，甚至對產品的印象也會逐漸模糊；但是，他們絕對不會忘記工作時的感受，也不會忘記最後自己變成什麼樣的人。公司的特質與精神會一輩子跟著他們，在工作出狀況時，公司的特質與精神會把人們凝聚起來，指引他們每天做出各式各樣的微小決策，而這些決策最後日積月累將成為真實的使命感。

這本書不是教你打造完美文化的通用技巧指南，也不提供理想模範。文化中的優勢也可能同時是弱點，有時你還得打破文化中的某項核心原則以求生存。文化是關鍵，但是如果為了堅持文化不能變動而導致公司失敗，你可沒做對事。

因此，這本書會帶著你走一趟由古至今的文化旅程。在過程中，你會學習到如何回答對組織而言最基本的問題：我們是誰？這是一道看起來很簡單、但一點都不好回答的問題。因為「你是誰」就是當你不在場時人們會如何談論你？你怎麼對待顧客？出問題時你會不會幫忙？你值得信任嗎？

「你是誰」不是一套讓你釘在牆上的價值觀守則，不是你在公司大會上說的話，不是你的行銷活動，甚至不是你相信的那套價值觀。

「你是誰」是你的所作所為，你的所作所為代表了你這個人。這本書會幫助你做出你必須做的事，這樣你才能成為你想要成為的那種人。

第 1 章

從黑奴到海地革命英雄

奴隸之血，國王之心

—— 納斯（Nas）

二〇〇七年，我把Opsware賣給惠普（Hewlett-Packard），並且協助他們進行轉移交接後，就完全閒閒沒事做了。身為創業者，逆向思考已經是家常便飯，正如彼得・提爾（Peter Thiel）所說，要發現石破天驚的構想，祕密就在於你得對別人不相信的事情深信不疑。所以，我開始思考每個人都相信的事物有哪些，第一個想到的就是「奴隸制度令人難以置信，太可怕了，難以想像這種制度竟然存在，而且規模還不小」。這件事要怎麼逆向思考呢？

「奴隸制度竟然已經終結，搞不好更令人感到震驚」這樣的思考如何呢？也許這種想法聽來太過荒謬，然而當我深入探討後，卻感覺我好像發現到了什麼。自從歷史有記錄以來，奴隸制度就存在於世界所有主要區域，聖經和可蘭經中都有相當長的篇幅詳細記載奴隸制度；十七世紀時，全球超過一半的人口皆受到奴役。奴隸制度究竟是怎麼結束的？根絕奴隸制度的過程是人類偉大的故事集，其中最精采的故事就是海地革命。

在漫長的歷史中，只有一場成功的奴隸革命最終建立起獨立的國家。古代中國漢朝的奴隸、鄂圖曼帝國的基督徒奴隸肯定都曾經反抗起義；十五到十九世紀盛行的奴隸貿易中，上千萬名淪為奴隸的非洲人也曾起身反抗過無數次，卻只有一次造反成功。當然，他們每一次的嘗試都蘊含強烈的動機，畢竟再也沒有比自由更令人激憤的理由。但是，為什麼就只有那麼一次取得勝利？

奴隸制度會物化人類、掐住文化發展的咽喉，而破碎的文化無法在戰爭中勝出。如果你是奴隸，你不會從工作中受益，你和家人隨時都有可能被賣掉或殺害，所以你根本沒有理由要用心工作，或是把事情做得有條有理。為了阻止你知曉另一種生活方式、不讓你與其他奴隸溝通，或是防止你掌握主人想要做的事，你不准學習識字，也沒有現成的工具可以累積與保存知識。你可能遭到強暴、鞭打，或是隨老闆高興被分屍。這一系列的暴行最後孕育出教育程度低、信任度低與短視、只注重生存的文化，而這些特質無助於建立具有凝聚力的抗戰力量。

那麼，一個出身卑微的奴隸，究竟是怎麼改造了奴隸文化？杜桑・盧維杜爾如何在聖多明哥（Saint-Domingue，海地革命前的地名）把奴隸軍隊變身成一支令人生畏的戰鬥部隊*，接連擊敗歐洲最厲害的西班牙、英國與法國軍隊？這支奴隸軍隊又是如何讓拿破崙大軍傷亡慘重，比滑鐵盧戰役輸得還慘？

你可能以為聖多明哥的奴隸制度沒有那麼殘暴，因此杜桑・盧維杜爾比較容易成功，得來全不費功夫？

當然不是！在奴隸貿易時代，被帶到美國的奴隸不到五十萬人，而聖多明哥卻引進大約九十萬名奴隸。到了一七八九年，美國本土有接近七十萬名奴隸，但聖多明哥只剩四十六萬五千名奴隸。也就是說，聖多明哥的死亡率大幅超過出生率，這裡就是一座屠宰場。

聖多明哥的奴隸受到的待遇是讓人難以理解的兇殘行徑。史學家詹姆斯（C. L. R. James）在偉大著作《黑色的雅各賓黨人》（*The Black Jacobins*）裡這麼描述：

> 暫停鞭打是為了把一根燒燙的木頭放在奴隸的屁股上；流著血的傷口上還會被倒上鹽巴、胡椒、枸櫞（citron）、煤渣、蘆薈或是熱灰。截肢根本司空見慣，四肢、耳朵、有時甚至是生殖器，就是為了剝奪奴隸不用花錢就可以享受到的快樂。主人把滾燙的蠟潑在他們的手臂、雙手和肩膀上；把煮滾的蔗糖漿往他們頭上倒；把他們活活燒死；用慢火把他們烤熟；把火藥塞進他們的身體裡，然後點燃火柴把他們

轟上天；把他們埋在土裡只露出頭，然後在他們頭上抹滿糖粉，好讓蒼蠅啃食他們。

這樣凌虐欺侮的環境毫無疑問會培養出卑怯又多疑的文化，黑奴與穆拉托人（mulatto）彼此憎恨，†膚色接近白人的男人看不起膚色一半黑的男人，而膚色一半黑的男人又看不起膚色四分之三黑的男人，以此類推。

更糟的是，龐大的軍力早就蓄勢待發，準備擊垮任何反叛的勢力。當時，全世界糖

---

* 海地位於伊斯帕尼奧拉島（Hispaniola），意思是「西班牙島」，源於哥倫布在一四九二年第一次登陸此島時，以西班牙的國名所命名。當地原住民泰諾人則是稱這座島為海地島（Haiti），意思是「群山之地」。伊斯帕尼奧拉島上有兩個國家，東側是多明尼加共和國，官方語言為西班牙語，西側是海地共和國，以海地克里奧爾語為官方語言。哥倫布登陸後，將這座島變為歐洲人在美洲的第一個殖民地。到了十七世紀後期，由於西班牙輸掉大同盟戰爭（War of the Grand Alliance），因此將西部的聖多明哥和托爾加島（Tortuga Island）割讓給法國。

† 穆拉托人指的是同時有黑人與白人血統的人，尤其是指雙親一方是黑人、一方是白人的人。

產量的三分之一、咖啡產量的一半都來自聖多明哥，這裡是全世界最有錢的殖民地，戰固利益不容小覷，每個帝國都想要控制這裡。

所以，可想而知，這樣的環境可不是個起義革命的好地方。

盧維杜爾揭竿起義不僅只是奴隸的反抗，更像是出於精巧計算的軍事策略，為了永續改變聖多明哥而採取的複雜破壞行動。就連敵人都認為盧維杜爾實在是天才，他能夠結合奴隸文化與曾經奴役他的歐洲殖民文化中最好、最有用的元素，再混入自己絕妙的文化觀察，最後建立出一種混合文化，足以打造一支兇猛的軍隊、一套巧妙的交際手段、以及一套深具遠見的經濟與治理論述。

誰是杜桑．盧維杜爾？

盧維杜爾出生於聖多明哥布雷達莊園（Bréda estate）甘蔗園的一個奴隸家庭，應該是在一七四三年的時候。有關他的個人歷史記錄既破碎又不清楚，畢竟根本沒有人想要花那個時間詳細記錄一個出身不明的奴隸。歷史學家對於這個國家的革命中諸多轉捩點也有各自不同的看法，但大家一致認同領導人是位不凡的男人。

盧維杜爾從小體弱多病，連父母都叫他「病竹竿」，也不期待他能活多久。但是到了十二歲，他卻靠著運動長才勝過甘蔗園裡所有的男孩，之後還成為殖民地最厲害的騎士；成年後即使年屆將近六十歲，他也常常一天騎馬馳騁兩百公里。

盧維杜爾身高只有大約一五七公分，也說不上英俊。他寡言、眼神凜凜且銳利，全身充滿活力卻也十分專注。他每晚只睡兩小時，只需要幾根香蕉和一杯水就能過好幾天。他的教育程度、地位與性格讓他在同儕中脫穎而出，早在革命前就頗具聲望。他從不質疑自己天生就是要當領袖的人。

青少年時期時，他被賦予重任要照顧莊園裡的騾子與公牛，這樣的工作通常會由白人男性負責。盧維杜爾抓住難得的機會，一有空檔就吸收知識，讀遍主人的藏書，包括凱撒大帝（Julius Caesar）的《凱撒戰記》（*Julius Caesar's War Commentaries*）與雷納爾神父（Abbé Raynal）的《兩個印度的歷史》（*Histoire des deux Indes*），*這本書如同歐洲與遠東貿易的百科全書。《凱撒戰記》幫助他了解政治與戰爭的藝術，而雷納爾神父的著作則為他奠定地區與歐洲經濟的知識基礎。

但是，他的教育程度與身分地位，還是沒有讓他免於黑人出身無可避免會招惹來的輕蔑對待。有一天，他參加完彌撒後拿著讀經本走在回家的路上，一名男性白人注意到他。盧維杜爾記得那個男人「一邊用木棍打破我的頭，一邊告訴我：『難道你不知道黑奴不該識字？』」盧維杜爾道歉後踉蹌返家，回到家後把沾滿血跡的背心保存起來提醒自己當天的事。幾年後，在反叛行動中，他又遇到當年的施暴者，盧維杜爾傳記的作者菲利浦・吉拉德（Philippe Girard）滿意的寫道：「他當場就殺了他。」

布雷達莊園的律師法蘭索瓦・巴雍・德利柏塔（François Bayon de Libertat）看出盧維杜爾的才能，讓他擔任馬車夫。一七七六年左右，這位律師幫助盧維杜爾回歸自由身，自此之後，德利柏塔開始付錢請盧維杜爾駕駛馬車。在當時，一千個黑奴當中難得有一人能夠獲得自由。這位海地革命之父藉由與白人男性建立羈絆爭取到了自由。盧維杜爾還善用為德利柏塔駕駛馬車的機會拓展人脈，因此接觸到幾乎所有的未來盟友。每一次駕車出門也讓他開始了解、進而熟稔法國殖民制度的運作方式。盧維杜爾逐漸理解到「是文化，而非膚色，決定人的行為」，這是殖民時期的聖多明哥沒人掌握到的真理。

有一件令人驚訝的事蹟可以證實這項真理，盧維杜爾獲得自由後也會購買奴隸，不過通常他會逐一還他們自由。而且，為了奮力迎頭趕上別人，他只有遵照殖民制度那一套做法脫離奴役勞動，畢竟這是他當時唯一可行的方法。一七七九年，他租下一座咖啡園要賺錢，但是事業很快就走向失敗。這座咖啡園有十三名奴隸，其中一人是尚－雅克・德薩林（**Jean-Jacques Dessalines**），德薩林後來成為他的左右手，最後卻背叛他。

促使盧維杜爾由從商走向從政的動機，可能就是他在一七八四年，讀到一段雷納爾

---

*《凱撒戰記》包含《高盧戰記》（*Commentarii de Bello Gallico*）、《內戰記》（*Commentarii de Bello Civili*）、《阿非利加戰記》（*De Bello Africo*）、《亞歷山卓戰記》（*De Bello Alexandrino*）和《西班牙戰記》（*De Bello Hispaniensi*）五部作品，《高盧戰記》和《內戰記》是凱撒親筆記錄的作品，另外三部作品的作者已不可考。雷納爾神父的本名叫做吉雍・湯瑪斯・雷納爾（Guillaume Thomas Raynal），他是法國教區神父（教會的基層聖職人員）也是作家；*Histoire des deux Indes* 英譯為 History of Two Indies。

神父寫下的著名段落，這位提倡自由、衷心期盼奴隸起身造反的神父這麼寫：「人們需要一位勇敢的領袖。這位偉大的人士，這個苦惱的、壓抑的、受盡煎熬的、大自然之母愧對的孩子在哪裡？他在哪裡？」有人說，盧維杜爾一而再、再而三的閱讀這段文字，夢想他有可能就是那位勇敢的領袖。

盧維杜爾的崛起

一七八九年法國大革命的消息傳到聖多明哥後，這座島上反抗政府的氣氛開始瀰漫。一七九一年，芒奎茲莊園（Manquets）的農場出現第一起叛亂，刺激周遭莊園的奴隸起身反抗。幾年內，起義的人數擴增到五萬人，足足比美國歷史上最大規模的奴隸反抗行動的人數還要多一百倍。

眾人皆知盧維杜爾參與起義，或許還協助革命計畫成形，但他也是經過一段時間的觀察，等待一個月後才加入起義。殖民地的政治情勢異常複雜，有眾多派系、黨派以及持續變動的戰略聯盟，你連下週農場裡會發生什麼事都難以掌握，更別說當時整座島上的狀況詭譎多變。

盧維杜爾加入反叛勢力時已經四十七歲，大家都叫他「老杜桑」。幾個月後，他任命自己為准將，領導當時三大主要反叛勢力的其中一支。為了建立民氣，盧維杜爾暗示他是銜法王路易十六之命行事，還說路易十六頒布一份文件給他，承諾要給反叛者一週三天休假日作為努力的獎賞。他之所以能玩這套把戲，就是因為當時他的追隨者幾乎都不識字。

在一七九一到一七九三年間，他與追隨者取得大幅進展，迫使法國派遣一萬一千名士兵來阻止他們，人數遠遠超過美國獨立戰爭期間法國送出國的軍隊人數。

一七九三年路易十六被送上斷頭台後，英國與西班牙入侵聖多明哥，希望趁法國自顧不暇之際占地為王。西班牙一向法國宣戰，盧維杜爾就跟其他反叛的奴隸團體一樣，找上西班牙指揮官，提議要整合他旗下的六百人加入西班牙軍隊。於是，盧維杜爾成為西班牙上校，開始對抗法國人。

隔年，考量到自己與部隊的利益，盧維杜爾向法國軍隊倒戈。就在一年內，他與麾下增加到超過五千人的人馬，幾乎奪回所有當初他為西班牙部隊拿下的法屬村莊，並且壓制住幾支還在與西班牙合作的反叛勢力。西班牙在這裡吞下的敗績，加上歐洲本地軍隊的潰敗，使得西班牙不得不求和。至此，盧維杜爾擊敗了他的第一個歐洲強權。

接下來，盧維杜爾要面對派遣出兩大營士兵到聖多明哥的英國。即使島上其他黑人男性都加入他的陣營，反抗勢力人數達到五十萬人，但是因為尚未做好準備要對抗大型專業軍隊，他還是選擇在一七九五年撤退，採取為期兩年的守勢。不過，長期抗戰、敵軍的游擊突襲戰略再加上黃熱病，終於拖垮盧維杜爾的對手；英國派到當地的兩萬名士兵中，有一萬兩千人最後葬身於此。一七九八年，盧維杜爾與英國協商讓剩餘的部隊離開聖多明哥，就此擊敗他的第二個歐洲強權。

一八〇一年，他入侵島上的西班牙屬地聖多明戈（Santo Domingo，現為多明尼加共和國），並且永遠打敗西班牙人。同年七月七日，曾經身為奴隸的他成為整座島的統治者。他立刻公布新憲法，聖多明哥在名義上依舊是法屬殖民地，但憲法中已廢除奴隸制度，將所有工作開放給所有族裔，讓整塊領土在運作上真正獨立。十年之內，盧維杜爾與他的軍隊完成難以想像的任務。

重建文化的七項技巧

一七九七年，在長期的叛亂中，盧維杜爾不只展現出領導人特質，還證明他能夠說服並且激勵群眾追求全新生活方式的願景。當時，聖多明哥的白人眾議員文森・德弗布朗（Vincent de Vaublanc），警告法國議會殖民地已經落入「無知野蠻的黑鬼」手中。這番話引發極大效應，還傳出謠言說巴黎出現反革命的陰謀。

盧維杜爾刊出一篇文章澄清海地革命來回應，表明他的種族與文化理論。菲利浦・吉拉德這麼寫道：「他一一條列德弗布朗的指控，再一一拆解回應。黑人並不懶惰，也不是無知的野蠻人，是奴隸制度迫使他們如此生活。海地革命中的確有暴力行為，但他提醒讀者：事實上，這些奴隸對待曾經殘忍施暴的莊園主人已經十分仁慈。」文章中還指出，這些過去身為奴隸的人已經提升個人文化，盧維杜爾在文章末了再度肯定這些自由的黑人「有權被稱為法國公民」。

一七九八年，盧維杜爾與英國進行和平協商並且建立外交關係後，《倫敦憲報》（*London Gazette*）寫道：

杜桑・盧維杜爾是個黑鬼，戰爭中也被人稱為土匪。但是根據各方的說法，他是生來就要證明這個種族的種種不實說法、並且展現人格與膚色無關的黑鬼。

這份報紙出現在買賣黑奴交易最多的國家，而且是在英國廢除奴隸制度的三十五年前刊出如此盛讚。一如盧維杜爾的預見，歐洲人開始理解是奴隸文化而非奴隸天性形塑他們的行為。

而且，一些美國人也開始這麼想。在一七九八年的美法戰爭期間，美國國會禁止所有與法國及法屬殖民地之間的貿易，使得聖多明哥與美國之間的商務往來一度中止。於是，盧維杜爾派遣約瑟夫・布奈爾（Joseph Bunel）面見美國時任國務卿湯瑪斯・皮克林（Thomas Pickering）討論解除禁運事宜。盧維杜爾精明的挑選一位白人擔任大使，藉此讓當時還在施行奴隸制度的這個國家產生親近感。他的策略很成功，一七九九年，美國國會授權總統約翰・亞當斯（John Adams），豁免所有不干預美國貿易的法屬殖民地的禁運令。這條法律非常明顯是為聖多明哥設立，也因此被稱為「盧維杜爾條款」（Louverture clause）。

皮克林還寫信給盧維杜爾，告知他美國會恢復與聖多明哥的商務往來，菲利浦・吉拉德在大作《杜桑・盧維杜爾》中優美的呈現出這封信的特色：

他於信末文情並茂的寫著：「謹奉上完全的敬意，先生，我是您順從的僕人。」對一個曾經身為奴隸的人來說，華美的外交辭藻聽來奇特：盧維杜爾並不習慣身分高貴的白人自稱是他「順從的僕人」。

在《憲法第十三條修正案》（Thirteenth Amendment）終結美國奴隸制度的六十五年前，國會就曾經為一位黑人特開先例，他們會答應協商，不是因為他的膚色，而是因為他創造的文化。

盧維杜爾運用七項技巧，將奴隸文化轉變為全世界都尊敬的文化。接下來，我將檢視說明這七項技巧，你也可以參考這些技巧來改變任何組織的文化。

一、保存運作良好的文化準則

為了打造軍隊，盧維杜爾精挑細選五百名壯士，指導他們反覆操練、勤勞演練，並且學習戰爭的精髓。透過這種方式，他可以幾乎避免認知上的差異，創造出所有人都遵從的新文化。他知道必須提升戰士文化以增強軍隊的力量，也清楚奴隸文化的力量驚人，更了解要從零開始重新打造新文明肯定會失敗（列寧（Lenin）後來的嘗試就失敗了）。人們不會輕易接受新的文化準則，他們無法馬上完全吸收新系統的運作方式。

於是，他採用兩種既有的文化優勢達到絕佳效果。第一種是奴隸在午夜巫毒慶典時唱的歌曲。雖然盧維杜爾是個虔誠的天主教徒，後來也立法禁止巫毒，但他可是個實用主義者，手邊的工具能用就要用。他把這種簡單好記的歌曲改造成先進的溝通科技。在當時，歐洲人並沒有長距離使用的加密溝通工具，但是盧維杜爾的軍隊有。他的士兵會分散隱身在敵軍周遭的森林裡，唱著歐洲軍隊聽不懂的巫毒歌，等到唱到特定的段落，就是共同出擊的訊號。

第二種文化優勢則是來自盧維杜爾士兵的戰鬥技能。這些戰士當中，不少人曾經參與過安哥拉與剛果的海岸戰役，於是盧維杜爾善用他們的游擊戰術，尤其是他們選擇在樹林中包圍敵人、以眾擊寡的作戰方式。我們接下來將會見證，他如何將這套戰略結合歐洲最先進的戰術，創造出對手從未見過的混合軍力。

二、建立震撼的規則

作為奴隸，你一無所有，也無從累積財富，而且你的生命、家人等所有事物，都可能在毫無預警的情況下頓時消失。這樣的情形通常會讓人極度短視，對他人的信任感完全消失。當你選擇信守承諾，而不是追求個人的短期利益，就得相信這段關係會在未來帶來更大的回饋，比現在選擇背叛更有價值。如果你覺得沒有明天，自然就不會有信任。

這樣的思維在軍隊裡會很有問題，因為信任是所有大型組織的基礎。沒有信任，溝通將無法作用，這是因為：在任何人與人之間的互動中，溝通的頻率與信任的程度成反比。

如果我完全相信你，根本不需要你解釋或是跟我溝通你的所作所為，因為我知道，不管你做什麼都是為了我的最佳利益著想。相反的，要是我完全不相信你，無論你說多少話、解釋多少次或是提出多少理由，都不會改變我，因為我就是不會相信你說的是實話、也不認為你會為我著想。

隨著組織成長，溝通通常是最大的挑戰。如果士兵真心相信將領，雙方之間的溝通會比士兵不相信長官時更有效。

為了在軍隊裡建立信任感，盧維杜爾設下一條震撼的規則：不准已婚者有小三。這條規則令人詫異到想問：「為什麼會有這種規定？」對士兵來說，強暴與打劫是常態，要求他們尊重婚約聽來肯定荒謬。當時肯定有軍官說：「你在開玩笑吧！」當然他們應該也會要求盧維杜爾解釋為什麼要設下這條規則。

當組織裡所有人都想知道「為什麼？」的時候，你的回應就是在塑造文化，因為大家都會記住答案。這個說法會一再向所有新進人員重複宣告，接下來就會嵌入文化的脈絡裡。新成員會問：「請再告訴我一次，為什麼我不能有小三？」然後他會被告知：「因為在軍隊裡，你的言行最重要，如果你無法對老婆信守承諾，我們絕對無法相信你能對我們保守承諾。」（不過這裡有點麻煩的是，盧維杜爾自己就有非婚生子女，畢竟沒有領袖是完美的。）

「婚姻」（marriage）、「誠實」（honesty）與「忠誠」（loyalty）是盧維杜爾心目中理想社會具備的象徵，而他只用了一條簡單震撼的規則設計這套文化。

三、穿著也要像成功人士

盧維杜爾加入叛軍時，大多數的士兵都不穿衣服，他們把在農地裸身工作的習慣帶到軍隊裡。為了讓這群烏合之眾變身為軍人，讓他們具備身為精英戰鬥部隊成員的自覺，盧維杜爾與革命夥伴穿上手邊最像樣的軍人制服，藉此時時提醒士兵自己是誰、將達成什麼成就。

菲利浦・吉拉德這麼描述：

> 起義軍急著要展現他們不是一群只會趁火打劫的暴民，因此完全參照殖民時期歐洲軍隊的做法，在將領副官、通行證和軍階上大作文章。

對很多盧維杜爾傳記的作者來說，這種行徑有如跳樑小丑般荒謬。起義軍不就是要摧毀歐洲人和他們代表的一切事物嗎？絕對不是。起義軍要建立的是一支可以還他們自由的軍隊，一套可以支持他們獨立的文化。所以他們採納對手已經驗證過有效的最好做法。我們會在下一章讀到，只要一條簡單的穿著規範就能夠改變行為，然後改變文化，這不只在戰爭中適用，在商業界也通用。

四、整合外部領導人

領導人可以從他想採納的文化中引進領導人來改變文化，凱撒大帝建立羅馬帝國時把這個做法發揮到極致。他沒有殺死被擊潰的領導人，反而常常讓他們發揮對在地文化的了解、繼續治理當地；盧維杜爾大概是在閱讀《凱撒戰記》時吸收到這樣的想法。

不過，與凱撒大帝不同的是，盧維杜爾面對的情況相當複雜，無論壓迫者或被壓迫者都太習慣以膚色區分彼此。於是，他把穆拉托人和叛逃的法國保皇黨軍官帶進部隊，接著將法國軍官組織成一支有效率的幕僚團隊，並且導入正統的方式訓練他的軍隊。要整合這兩種人可不容易，當他帶著一群白人現身時，大家可嚇壞了，但他仍堅持這麼做；當黑人告訴他，他們可不會聽從穆拉托人或白人的命令時，他會倒一杯紅酒和一杯水，然後把酒水混在一起說：「你要如何分辨出哪些是酒哪些是水？我們所有人必須生活在一起。」

企業文化通常會以一個簡單的目標為主軸：打造人們想要的產品或服務。但是，當企業攻克最初的幾場戰役後向前邁進之際，他們也得不斷進步才能夠面對新的挑戰。為了打敗法國人，盧維杜爾需要了解、熟悉他們的文化和治軍戰略，所以他引進具備相關知識的領導人。

我常常看到很多公司已經計畫要踏入新領域，卻不願跟著改變文化。也有不少公司原本以消費者市場為主，但想要打進企業市場，賣東西給大公司，卻不願意讓員工穿著昂貴的衣服走動。他們相信原來的企業文化已經夠用，但結果常常證明事實並非如此。

要打造一個偉大的文化，意味著企業得與時俱進，而且通常需要從外部引進領導人，他必須來自你想要打入或熟悉的文化。

五、決策必須凸顯出你最重視的事

領導人的決策愈背離直覺，對文化造成的衝擊就愈大，盧維杜爾為了塑造文化，做出一項最反革命的決策。

當起義軍贏得整座島的控制權時，許多士兵都想要報復農場主人。對盧維杜爾來說，就算馬上槍殺這些農場主人也不會有人抗議，而且如果雙方處境對調，農場主人也會選擇殺掉他。但是盧維杜爾厭惡復仇，他認為復仇只會摧毀文化，不會提升文化。

而且，他也需要資金對抗法國，如果國家破產，他的革命就會跟著失敗。農作物是聖多明哥的經濟支柱，沒有農作物就無法取得重要的國家地位。如同盧維杜爾的聲明：「黑人的自由能保障農業的興盛。」他知道農場得保持一定的規模才能讓經濟發展下去，農場主人擁有讓農作物持續生長必需的技巧、知識和經驗，這是這塊殖民地不可或缺的資源。

所以盧維杜爾不但讓農場主人保住性命，還讓他們留下土地。不過，他堅持這些農場主人必須支付四分之一的獲利給勞工。此外，他命令這些農場主人以務農為生，這樣他們才能夠直接負起責任支付薪水並且善待勞工。如果他們不服從，土地就會被沒收。

盧維杜爾透過這些決策，建立起上千場演講也無法達成的結果：一場不以復仇為主、而是以殖民地經濟發展為最優先考量的革命。他當然可以嘴上說「不要復仇」就好，然而正是他的所作所為塑造了文化。

沒有領導人積極的參與，文化就不會茁壯成長。無論你有多完善的設計、多仔細的規劃，或是持續強化文化中的要素，企業負責人言行不一或是虛偽的行為都會推翻一切。

六、言行合一

請想像看看，如果有一位執行長決定「守時」是企業文化的關鍵要素，甚至多次滔滔不絕的說準時就代表尊重。他指出員工的時間是公司最重要的資產，所以遲到實際上就是在搶劫同事。結果，每次會議他都遲到。那麼會有多少員工遵循這項價值呢？

盧維杜爾充分理解言行合一的原理。他對士兵有諸多要求，但是他更願意以身作則遵守他定下的標準。他與軍隊夥伴一起生活、共同分擔工作；如果要移動大砲，他會親自搬動，甚至因此讓一隻手受到嚴重的壓傷。戰鬥時他一馬當先，甚至因此受傷多達十七次，這樣的做法自亞歷山大大帝以後在歐洲軍隊裡就很少見了。

盧維杜爾藉由成為值得信任的人開始建立信賴，歷史學家詹姆斯觀察到：「他藉由不斷為他們利益著想的行動，取得他們的信賴，在一群無知、飢餓、煩惱又緊張的人中，盧維杜爾在一七九六年所說的話就是法律，他是他們在北方唯一可以依賴並且願意服從的人。」

正因為盧維杜爾想要的文化完全反映出他的個人價值觀，他比大多數人都更能言行合一。在血腥的利刀之戰（War of Knives）中他擊潰對手，也就是南部起義軍的領導人安德烈・里戈（André Rigaud）後，他對復仇的戒律受到試煉。里戈是穆拉托人，他不但背叛盧維杜爾，還譏嘲盧維杜爾政權的基礎。他宣稱穆拉托人在白人之下、黑人在所有人種底層的種姓制度正確無誤。面對里戈僅存的支持者，盧維杜爾宣告他的判決：「請原諒我們的入侵，因為我們也原諒入侵者。回歸你們的日常工作，我已經忘記所有恩怨。」

要讓文化穩固，文化必須與領導人真正信仰的價值一致，而不是與他自以為激勵人心的價值一致。因為，領導人主要是透過行動與他親自設下的範例塑造文化。

七、訂定明確的道德規範

所有領導人都寧願相信自己的公司很正直（integrity），但是如果你詢問員工，就會發現完全不是那麼回事。要將正直植入企業文化的麻煩在於，這是一個抽象、需要長期經營的概念。保持正直能讓你這一季多拿到一個案子嗎？不太可能，而且事實上，你可能還會失去案子。保持正直會讓你的產品提早一週出貨嗎？當然也不可能。那麼為什麼我們要在乎這件事呢？

正直（integrity）、誠實（honesty）與得體（decency）是對文化的長期投資，投資的目的並不是讓當季業績達標、也不是要擊敗競爭對手，更不是要吸引新員工；而是為了打造更好的工作環境，讓公司成為值得長期合作的企業。但是要培養這些價值觀並不容易，短期來說，企業可能會流失生意、員工或投資人，這也是為什麼大多數公司無法確實的真正努力落實這些價值觀的原因。不過，我們將會看到，一旦無法落實這些行為標準，通常也會讓現代公司陷入毀滅。

要實踐正直的難處在於，這是一個範圍無限大的概念。你不能一邊對著客戶說謊，另一方面又自我安慰，認為自己對待同事時符合道德標準，因為你的同事會發現你的行為有出入，然後也開始對其他同事說謊。你的行為必須放諸四海皆準，而且在每一種情境下都不違背原則。

盧維杜爾完全了解這個道理，所以他費盡苦心要以系統性的方式，持續不斷的提升軍隊，達到更高的行為標準。他可不是在玩短期的遊戲；他堅定不移的要打造一支軍隊、然後是一個國家，讓所有人都能因為身為軍隊或國家的一員感到驕傲。因為他的決心不只放在要贏得戰爭，還要打造一個偉大的國家，他知道必須把眼光放遠。

盧維杜爾的新國家根基是：個人產業、社會道德、公共教育、多元宗教包容、自由貿易、公民驕傲與種族平等。他強調達到這些目標是每個人的責任：「學習吧！各位公民！珍惜你的新政治地位成就。當你取得憲法賦予所有法國人的權利，不要忘記你應該承擔的責任。」他下達給軍隊的指令更是直接：「不要讓我失望……不可容許掠奪戰利品的欲望讓你走偏……我們將敵人驅離出國土之際，將會有足夠的時間思考物質需求。我們正在打一場不可失去的自由之戰，自由是地球上最珍貴的資產。」

最關鍵的是，盧維杜爾的道德範指示十分明確。通常來說，企業執行長對於產品交期等目標的指示都相當清楚，但是對於遵守規範這樣的事情卻靜默不語，這可能成為致命傷。因為正直常常會與其他目標背道而馳，所以必須清楚、明確的植入文化裡。如果企業期待員工的行為符合道德規範，卻沒有提供他們詳細的指示，說明應該做出哪些行為、或是應該如何行動，這家企業無論聘雇什麼樣的人，最後都無法達到目標。

所以，盧維杜爾藉由嚴格的強制執行來強化他的指示。曾經與盧維杜爾對戰的法國將領龐菲勒・德拉克魯瓦（Pamphile de Lacroix）寫道：「我在盧維杜爾的軍隊上看到歐洲軍隊裡前所未見的嚴格紀律。」兩支軍隊形成強烈的對比。歷史學家詹姆斯也觀察到：「流亡的士兵、地主等人、子爵、爵士都打破赦免協定，他們破壞大砲與彈藥庫、殺掉所有動物、放火燒毀農場。另外一方面反觀盧維杜爾的非洲軍隊，各個飢腸轆轆且半裸，但是即使行軍至城鎮裡也不使用暴力、不搜刮一般民眾的家，這就是他們的紀律。

當盧維杜爾的軍隊一邊挨餓、一邊與英國對戰之際，他卻把食物讓給當地的貧窮白人婦女。他寫道：「看到這些因戰爭受苦的不幸白人時，我的心為他們的命運感到撕裂般的疼痛。」這些婦女後來將她們從這位「驚人的男性」身上得到的協助廣泛流傳，並且稱這位醜陋年邁的前奴隸為父親（Father）。如果你放下這本書，告訴朋友領導海地革命的奴隸被殖民地的白人女性稱為父親，他們才不會相信你，因為這件事簡直令人無法置信。但是這件事千真萬確，這就是道德的力量。

到了一八〇一年，盧維杜爾在文化上的大量投資開始出現回報。黑人與穆拉托人共同治理國家，農作物產量恢復到法國殖民時期高峰的三分之二，這證明了「正直」是相當有價值的道德規範價值。

盧維杜爾犯下哪些錯？

盧維杜爾故事的終章令人錯愕。一八〇一年，他寫完憲法後，拿破崙對這個殖民地的獨立感到震怒，決定要推翻他。隔年，盧維杜爾的左右手，兇殘的尚－雅克·德薩林與拿破崙在聖多明哥的大將聯手叛變。盧維杜爾在一場外交會議中遭到逮捕，然後被帶上船送去法國。他在監獄裡沒有受到善待，就這樣走完短暫的餘生，最後在一八〇三年四月七日死於中風與肺炎。於此期間，拿破崙開始恢復加勒比海地區的奴隸制度，這讓德薩林極為不滿，決定推翻拿破崙。他召集手下所有起義軍黨羽打敗拿破崙的軍隊，在一八〇四年一月宣布獨立，並將國名改為海地，後來在同年自行宣布稱帝。

由盧維杜爾領軍進行這麼長一段時間的革命，最後是德薩林畫下句點，但他卻立刻做出會讓盧維杜爾深感厭惡的兩項決定：下令殺死海地大多數的法國白人、將所有私人土地收歸國有；結果完全逆轉盧維杜爾取得的文化與經濟進展。雖然法國最終還是在一八二五年承認海地的外交地位，但是也因為德薩林短視的決定，促使法國向海地索取高額的賠償金（要價等同於現今兩百一十億美元），以彌補法國損失的奴隸與農場。這些事情的陰影持續籠罩海地，讓她無法逃脫西方世界最貧窮國家的地位。

這是個悲傷的故事，但是怎麼會發生？盧維杜爾是塑造文化的天才，又深刻了解人類的天性，為什麼卻看不到眼皮下醞釀的背叛？某方面來說，他就像希臘英雄伊底帕斯（Oedipus），雖然能解開人面獅身獸史芬克斯（Sphinx）的謎題，卻看不清身邊親近的人。盧維杜爾對人類潛能的樂觀態度，讓他對某些事實視而不見。

盧維杜爾太相信法國大革命，也對革命中聲稱要實現的自由深信不疑，所以他沒有看透拿破崙是個種族主義者，反而把他視為受到大革命啟蒙的人物。畢竟拿破崙曾在某次情緒失控下說出：「在我撕下殖民地裡所有黑鬼的肩章之前，我絕對不會停手。」

由於盧維杜爾對法國的忠誠，當法國軍隊侵入時，他並未宣布獨立，也因此錯失讓整座島團結一致支持他的機會。他動搖了。

因為盧維杜爾相信（而且是過度相信），他的軍隊會相信他的所作所為都是為了大家的利益考量，他並未完全掌握到士兵對於他的一切主張感到不耐煩：農業的政策、不斷試圖與法國達成外交協議的做法，甚至是他對復仇的規定等。盧維杜爾並不明白人們對報應的強烈情緒，然而德薩林充分掌握這一點。

歷史學家詹姆斯說得好：「德薩林能夠看得這麼清楚又簡單，是因為這些未受教育的士兵與法國文明之間的連結幾乎是微乎其微。德薩林把眼下的事情看得這麼透徹，是因為他看不到遠處；而盧維杜爾的失敗是敗在人性啟蒙的失敗，而不是人性黑暗面的失敗。」

雖然結果證明，盧維杜爾的文化讓他那些有瑕疵的部屬難以實踐，但仍然留下綿長的力道。拿破崙捕獲盧維杜爾後，曾經試圖在島上恢復奴隸制度，卻被盧維杜爾留下的軍隊打敗。儘管盧維杜爾已死，他卻擊敗第三個歐洲強權。拿破崙在聖多明哥遭受到的潰敗遠遠超過滑鐵盧之役的損失，這些挫敗迫使他以一千五百萬美元把路易斯安那州和其他十四州的部分土地賣給美國。這位法國君王之後也承認，他當初應該透過盧維杜爾治理這座島嶼才對。

遍地開花的自由精神

聖多明哥的奴隸革命滲透進整個加勒比海地區，在島嶼之間擴散開來，甚至之後在巴西、哥倫比亞、委內瑞拉、古拉索、瓜地洛普、波多黎各、古巴與路易斯安那的起義軍至少有一部分來自海地的起義軍或是追隨者*。這些起義軍最終影響法國、英國與西

---

* 古拉索（Curacao）是位於加勒比海上靠近委內瑞拉的小島國，為荷蘭王國的一分子。瓜地洛普（Guadeloupe）同樣位於加勒比海上，地處海地與多明尼加共和國東南方，現在是法國的海外省及大區，屬於法蘭西共和國的一部分。

班牙等帝國從這個地區撤出。

在美國，盧維杜爾激勵廢奴主義者（abolitionist）約翰・布朗（John Brown）襲擊哈珀斯費里（Harpers Ferry）的軍械庫，希望藉此召集當地奴隸共同起義。雖然行動終告失敗，布朗也遭到絞刑處置，但是此次起義使當地的緊張情勢升溫，隔年便引發南方蓄奴州脫離聯邦，並導致後續南北戰爭爆發。

歷史上最偉大的文化天才，無法在祖國的土地上永遠建立起理想中的生活方式，卻幫助西方世界自奴隸文化轉移至自由文化。

杜桑・盧維杜爾因踏錯一步而終生身陷囹圄，卻幫助我們所有人獲得自由。

第 2 章

盧維杜爾式的企業文化

我是殺人犯、黑鬼，但我不提倡暴力

——古馳．馬恩（Gucci Mane）

盧維杜爾以罕見的獨創性與技巧構成一套塑造文化的方法，他的做法也能完美適用在現代的公司裡。

保存運作良好的文化準則

賈伯斯（Steve Jobs）一九九七年回到蘋果時，這家公司的狀況不太好，而且是真的很不好。一九八五年賈伯斯被解職時，蘋果的市占率有十三%，接著一路下滑到只剩三・三%，公司也只剩四分之一的現金水位，幾乎逼近資不抵債的窘境。當有人問起蘋果的競爭對手麥克・戴爾（Michael Dell）該拿蘋果怎麼辦時，他說：「如果是我，我會關掉公司，把錢還給股東。」

即使在蘋果內部，幾乎所有人都是依照常理在做判斷，深信公司會陷入死亡漩渦是因為所謂的「個人電腦經濟」。個人電腦經濟的理論認為，電腦產業的發展已經迫使硬體走向標準商品化，於是四處可見ＩＢＭ的複製品。如果想要賺錢，就不能當個垂直整合供應商，給使用者機器又提供作業系統；而是應該專注提供水平整合的選擇，販售可以在別家公司的電腦上運作的作業系統。

幾乎所有分析師都督促蘋果將Mac OS作業系統當作產品販賣，在一九九七年，《連線》雜誌（*Wired*）甚至指出：「承認吧，你們已經被逐出硬體產業的賽局了。」就連蘋果的共同創辦人史蒂夫・沃茲尼克（Steve Wozniak）都同意這樣的看法，他說：「我們有最漂亮的作業系統，但是要得到這套作業系統，卻得花兩倍的價錢購買我們的硬體，這就是個錯誤。」

賈伯斯根本不理會這些建議，而且實際上，他當上執行長後最先做的一項工作，就是停止授權Mac OS給其它硬體供應商。

這個產業還有另外一項信條，就是如果要使公司市占率極大化，每一條電腦周邊產品線上都要有產品，從伺服器到印表機，再到個人電腦，最後到筆記型電腦，都必須提供產品給消費者。同樣的，公司還得為了服務每一個潛在使用者，製造各種不同外觀與尺寸的電腦。不過，賈伯斯卻立刻砍掉蘋果大部分的產品線，包括大多數的個人電腦、所有伺服器與印表機，以及掌上型電腦「牛頓」。

為什麼？賈伯斯對產業情勢有完全不同的看法。早在之前的公司大會上，他就問過：「好吧，告訴我這地方出了什麼問題？」他回答：「就是產品！」他接著問：「所以產品出了什麼問題？」然後又自問自答：「產品糟透了！」

對賈伯斯來說，個人電腦產業的經濟結構並不是問題，蘋果需要的是打造更好的產品。為了達到目標，他必須改變文化。但是，他只能依靠蘋果的強項達到目標，而不是跟著微軟（Microsoft）那一套走。

一直以來，蘋果的核心競爭力就是整合軟體與硬體。這家公司在巔峰期時，不是把重心放在產業的標準配備，例如處理器速度與硬碟容量，而是專注於打造產品，例如鼓勵使用者發揮創意的麥金塔電腦。蘋果的整合能力比其他公司都更優秀，他們能實現這樣的魔法，部分原因來自控制整體產品的能力，從使用者介面到硬體的用色都精準掌控。賈伯斯盡其所能留下跟他一樣了解公司核心競爭力、對使用者體驗近乎吹毛求疵的員工，他曾經這樣評價一位員工：「在發揮核心能力上，他知道我們做得比任何人都好。」這位員工正是偉大的設計師強尼・艾夫（Jony Ive）。*

蘋果在一九九七年推出的「不同凡想」（Think Different）宣傳廣告，以創意天才甘地（Gandhi）、約翰・藍儂（John Lennon）和愛因斯坦（Albert Einstein）為主角。賈伯斯解釋道：「蘋果人已經忘記自己是誰了，要記住自己是誰，其中一種方法就是記住你的英雄是誰。」蘋果要再度壯大，就得建立在文化特質上，這是過去讓他們與眾不同的關鍵。

賈伯斯縮減產品線，以確保公司專注在提供美好的體驗給個人使用者，而不是要打造冷冰冰的規格、建立資料傳送的程序與增加機器速度，結果卻無法打動任何一位消費者。隨著時間推移，他開始擴增iPod、iPad和iPhone等產品，卻依然從未採取水平整合的策略，而是持續提供軟體與硬體整合的商品。為了進一步控制使用者體驗，賈伯斯甚至開了蘋果專賣店Apple Store.，這項事業隨後成為全世界零售業者中表現數一數二的商店。

＊本名強納森・艾夫（Jonathan Ive），他是蘋果的傳奇設計長，在公司服務超過二十年，於二〇一九年離職自立門戶。

賈伯斯回歸蘋果時，這家公司只剩九十天就要破產；在我撰寫這本書之際，蘋果已經是全世界最有價值的公司。

當業界所有人都嘲笑蘋果時，完全清除舊文化的做法肯定非常誘人，所以賈伯斯被解職後的繼任者基爾・亞美利歐（Gil Amelio）也嘗試過這樣做。但是，就像盧維杜爾這位前奴隸，懂得將奴隸文化中最好的部分保存在軍隊裡，賈伯斯這位蘋果前任創辦人清楚知道，應該將蘋果原生的優勢作為新挑戰的基石。

建立震撼的規則

要撰寫一條有力、能鞏固文化的規則，可以參考下列原則：

- **一定要好記**。當人們忘記規則，就會忘記文化。
- **一定要引人問出：「為什麼？」**文化規則應該奇特又震撼，讓每個人一聽到就會不由自主問你：「你是認真的嗎？」

- **文化影響力一定要夠簡單又直接**。回應「為什麼」的答案一定要清楚解釋文化的概念。
- **一定要是人們幾乎每天都會接觸到的規則**。如果你定下令人難以置信又難忘的規則，卻只適用於員工每年才會碰到一次的情況，那麼這些規則就完全無法發揮作用了。

湯姆・哥弗林（Tom Coughlin）二〇〇四到二〇一五年擔任紐約巨人隊總教練時，媒體因為他立下的一條震撼規則鬧得沸沸揚揚：準時就是遲到。每一場會議他都提早五分鐘開始，如果球員「遲到」就罰款一千美元，即使「準時」到場也照罰不誤。你一定會想：「等等，這是什麼鬼規則？」

最剛開始「哥弗林時間」規則執行得不是很好，還有幾位球員向職業美式足球聯盟（NFL）申訴，《紐約時報》（*New York Times*）更刊登出嚴厲的批評：

在球員關係的領域中，巨人隊教練哥弗林的治軍一開始就出師不利，而且已經顯示出跡象，他們在本季的球賽也會出師不利。

在星期天那場巨人隊與費城老鷹隊的比賽中，巨人隊最後以三十一比十七分落敗，職業美式足球聯盟球員協會（N.F.L. Players Association）在賽後證實，有三名巨人隊球員對哥弗林提出申訴，因為他們沒有提早抵達參加會議而遭到罰款。

數週前，有三位在休賽期加入球隊的自由球員，線衛卡洛斯・艾蒙斯（Carlos Emmons）與巴瑞特・格林（Barrett Green）以及角衛泰瑞・卡森（Terry Cousin），他們事前被告知要早點到達開會地點，但是他們卻只提早幾分鐘抵達，所以被罰款一千美元。

哥弗林給記者的回應並沒有讓人更同情他，但是卻確實鞏固了他的規定：「球員應當準時，就是這樣。」他說：「準時就是準時；會議提早五分鐘開始。」

這條規則好記嗎？是的。會讓人問出「為什麼」嗎？他讓球員問遍聯盟裡每個人，再一路問到《紐約時報》，所以，是的。這是球員每天都會碰到的情況嗎？沒錯，他們每次要去某個地方就會遇到這個狀況。但是，哥弗林想要達成什麼目的？

巨人隊在後續十一年中拿到兩次超級盃冠軍後，後備四分衛萊恩・納西（Ryan Nassib）向《華爾街日報》（*Wall Street Journal*）解釋這條規則背後的文化意涵：

哥弗林的時間觀念比較像是要建立心態，讓球員維持紀律的做法，能確保球員準時抵達，確保他們時時保持專注，確保他們參加會議時已經準備好要上班。這個做法還蠻好的，因為當你回歸現實世界，就是比所有人、事、物都提早了五分鐘。

在商業上，打造運作良好的夥伴關係是相當困難的一門藝術。成功的夥伴關係，如微軟與英特爾或是希柏系統（Siebel Systems）與埃森哲（Accenture），實屬傳奇。但是，每一次的成功之外都有上百次失敗。要在組織裡讓所有為你工作的員工團結一心都已經相當困難，要讓公司與公司建立目標一致的夥伴關係更是幾乎不可能。

在一九八〇年代，商管書都推廣雙贏夥伴的概念，然而，這個概念非常抽象。你要如何知道這是一筆雙贏的交易？你真的能夠確定雙方都得到五〇%的利益了嗎？這個概念也無法說明，需要進行哪些文化上的調整才能達到目標。例如，當商業文化中所有事物都與勝敗息息相關，需要改變哪些行為才能培養出雙贏的心態？結果，雙贏的意義很容易遭到扭曲。善於耍手段的協商者總是說：「我們要達到雙贏的局面。」

在一九九八年，黛安・格林（Diane Greene）與合夥人共同創辦了虛擬作業系統公司VMware。這家公司的成功有賴她的夥伴策略，但是，此時她才正要見證有史以來規模最大、一方贏但另一方輸的夥伴關係，也就是微軟藉由與ＩＢＭ「結盟」，完全贏得桌上型電腦作業系統的獨占地位。因此，所有可能與VMware合作的公司，對於任何提出類似「雙贏」策略的獨立作業系統公司，都抱持著極度質疑的態度。

於是，格林提出一條震撼的規則：夥伴關係應該是四九％比五一％，VMware是拿四十九％的那一方。難道她是在告訴團隊要輸掉交易？這條規則一定會讓人想問：「為什麼？」

格林說：「我必須給商業發展部的同事許可，這樣他們才能夠善待夥伴，因為單方面的夥伴關係不可能成功。」她的規則沒有遭遇任何抵抗，反而讓同事鬆一口氣，因為他們想要打造互利的夥伴關係，而格林這條規則正好提供了協商的空間。當然，要明確分配四九比五一的比例，並沒有比五五拆分更簡單。但是，格林的員工都了解這條規則背後的涵意：協商利潤拆分的比例時，可以讓利給夥伴。在這之後，VMware就與英特爾、戴爾（Dell）、惠普與ＩＢＭ建立起驚人的合作夥伴關係，這家公司的市值也因此衝破六百億美元。

擁有最獨特大型企業文化的企業中，亞馬遜肯定榜上有名。他們運用好幾種方法宣揚十四項文化價值，其中最有效的做法恐怕是設立幾條震撼的規則。例如，「節儉」的價值就被定義為：用更少資源取得更多成果；限制能孕育機智、自給自足與發明；增加員工、預算或固定開銷一點好處都沒有。

這個定義相當好，但你如何徹底表現出你是認真看待？亞馬遜這樣做：從家得寶（Home Depot）購買便宜的門板再釘上桌腳組成辦公桌。這些門板辦公桌可不是那麼符合人體工學，但是當新員工被震撼到，並且問起為什麼得湊合著用這種桌子辦公時，他得到的答案就會清楚的與文化相呼應：「我們尋求每一個省錢的機會，這樣才能以最低的價格提供最好的產品。」（隨著文化已經定型，亞馬遜不再提供門板辦公桌給員工，而且也有更便宜的選擇。）

亞馬遜有幾項價值觀相當抽象，像是「刨根問底」（Deep Dive），就是鼓勵領導人全面掌控所有狀況、隨時注意細節、頻繁查帳，以及當評鑑指標與所見所聞不符時更要加以調查等。

這項價值觀也很好，但是，你要怎麼將這樣的思考模式根植於文化裡？亞馬遜定下另一條震撼的規則：開會時不准使用投影片。在一個每天都有各種簡報的產業裡，這條規則絕對令人震撼。在亞馬遜，當你召開會議時，必須準備一份簡短的文件，說明要討論的議題和你的看法。會議開始後，大家會先安靜閱讀這份文件，然後才開始討論，這樣一來每個人都可以清楚掌握同樣的背景知識。

亞馬遜高階主管艾瑞爾・凱爾曼（Ariel Kelman）解釋這條規則能夠讓會議變得更加有效率：

如果你得說明複雜的事情，當然會想要盡快把資料倒進與會者的腦袋裡，這樣你就可以根據實際狀況、聰明理性的討論，協助你進行商業決策。

舉例來說，假設你要協商新產品的定價，一定得談到成本結構，像是固定成本是多少、變動成本又是多少，另外還可能有三種不同的訂價模式，每一種都各有優缺點，全部的資訊量可不少。你可以坐著聽人講完所有資訊，但是多數人不會有耐心專心聽完，自然也就無法有效吸收資訊，而且通常這個過程相當花時間。已經有很多相關研究顯示，比起用聽的吸收新資訊，多數人的腦袋透過閱讀吸收新資訊的速度與效率都快上好幾倍。而且，要求員工以書面報告提出計畫，可以強迫他們更深入詳細的表達想法。

文化就是一系列的行動。亞馬遜要求員工在每一次開會前都要準備周全，因此得以每天推動文化朝向正確的方向進展。

臉書創辦後不久，馬克・祖克柏（Mark Zuckerberg）早已敏銳的意識到，他的網路平台使用者愈多、產品就會愈好。當時，MySpace的用戶比臉書多很多，臉書只有透過打造更好的軟體才能超越MySpace；臉書必須創造更好的軟體功能、更友善的使用者介面，還得更有效的找出潛在的新用戶。祖克柏知道他的時間不多了，一旦MySpace的規模夠大，就有可能從一個娛樂應用程式變成無法攻克的工具軟體。

他必須採用的首要價值觀就是「速度」，所以他定下一條震撼規則：快速行動、打破規則（Move fast and break things）。如果你是臉書工程師，第一次聽到這條規則一定會想：「打破？我以為重點是創造。為什麼馬克叫我們這樣做？」原因是，他要你每次想到一項創新產品卻不確定產品有沒有潛力、是否值得為此破壞基準代碼（code base）的時候，心中就已經有答案。快速行動是美德，即使得因此打破規則也沒關係。祖克柏後來觀察到，這條規則會如此有效力的原因在於，它不但宣告臉書的需要，更說明為了達到目的可以放棄哪些東西。

當臉書追上並超越MySpace後，又有新任務要挑戰，其中一項任務就是把社交網路轉為平台。然而，此時，快速行動的美德就變成風險，而非優勢。當外部開發者要在臉書上提供應用服務時，底層平台會一直出錯，危害到臉書夥伴公司的生意。所以，在二〇一四年，祖克柏換掉至今仍聲名遠播的規則，改用一條無聊但是適用現況的箴言：以穩定的基礎快速行動。文化必須隨著任務而演進。

當梅麗莎・梅爾（Marissa Mayer）在二〇一二年出任雅虎（Yahoo!）執行長時，這家公司的名聲不太好，大家都認為雅虎的員工沒有盡全力。梅爾知道，如果要和老東家

Google競爭，她需要團隊投注更多心力。當時，她試著以身作則，勤奮不懈的長時間工作，但每次到公司總是只看到空蕩蕩的停車場。

所以，在二〇一三年，梅爾提出一條震撼指數破表的規則，不只遭到員工強烈反彈，連公司外部都群起抗議，她說：上班時間，你得在公司裡，不準在家上班。但是，她身處的是科技產業，這個產業發明出讓人在家上班的各種工具！當全世界都對她怒氣沖天時，梅爾平靜的解釋，她檢視過員工在家上班時虛擬私人網路（VPN）的登錄記錄，因為他們必須使用VPN才能夠安全的存取工作資料，然而紀錄顯示大多數「在家上班」的人，實際上根本沒在上班。

為了創造驚人的文化轉變，梅爾必須震撼所有人。後來，她在雅虎成功建立起刻苦耐勞的文化，卻從未真正扭轉公司，於是文化就失去了價值。不過，這就是文化的本質，它可以協助你執行你擅長的事情，但無法修正你的策略或是阻撓你的對手。

穿著也要像成功人士

瑪麗・芭拉（Mary Barra）在二〇一四年接手通用汽車的執行長職位時，她想要讓公司根深柢固的官僚制度解體。這套制度不只壓抑員工，也不賦權給經理人；所以經理人不會直接跟員工溝通或指導員工，而是讓一套廣泛適用的規則取而代之，做起他們的工作，長達十頁的著裝指南就是最糟的例子。為了震撼整個系統並且改造文化，芭拉把十頁的指南縮短成四個字：穿著得體。

她在華頓人力分析大會（Wharton People Analytics Conference）上說起當年的故事：

> 人資部開始跟我爭論，你可以在表面上定下「穿著得體」的規則，但是員工手冊裡需要更多細項。所以，他們加上具體的描述，例如：「T恤上不可以印有不得體的事物或是容易被誤解的字句。」

芭拉非常不解。

「不過是T恤，能有多不得體？」

所以我最後只好說：「不，就是四個字，我就是要這個。」對我來說，這會為我開啟融入公司的一扇窗。

芭拉馬上就收到一位資深主管寄來的電子郵件。

他說：「你得訂定一套更完善的著裝政策，現在這樣根本不夠。」所以我打電話給他，當然這讓他嚇了一跳。接著我請他協助我進一步了解為什麼這項政策行不通。

這位主管解釋，他的部門裡有些人偶爾必須在收到通知不久後與政府官員會面，他們必須穿著得體。

我回他：「好的，為什麼你不跟同事談談呢？」他是通用汽車裡一位頗有地位的領導人，負責的工作舉足輕重，掌握數百萬美元的預算。過幾分鐘後，他回電話給我：「我和同事聊過，一起腦力激盪後達成協議，偶爾要與政府官員會面的那四位同事，會在置物櫃裡放一條西裝褲。」問題解決了。

對通用汽車整體管理團隊而言，這項改變傳送出的訊息既久遠又明確。每一次主管看到部屬，就會開始思考：「他的穿著得體嗎？」如果不夠得體，我該如何管理最恰當？面對這樣敏感的議題，我跟這位部屬的關係是否夠密切，可以達到有效的溝通呢？這條新規則不僅賦權給主管，還能要求主管做好管理。

麥克・奧維茲（Michael Ovitz）經營好萊塢頂尖的藝能經紀公司「創意藝人經紀公司」（Creative Artists Agency）時，他並沒有明定著裝規則，卻有一項從未明說的絕對原則。「在一九七〇年代中期，我們承襲一九六〇年代的文化生活，每個人都是穿T恤和牛仔褲，」奧維茲回憶：「所以我必須從這裡逆向操作。」最後，他從權威的文化表現中找到靈感，並且奠定他的著裝原則：「如果你穿著一套優雅的深色西裝走進房間，將會得到難以想像的權力地位。你想要獲得尊重，就得用能夠獲得尊重的方式包裝自己。」

奧維茲以身作則，每天都穿著一套優雅的深色西裝。他從來不明確要求任何人照著做，但是如果不照做，就得承擔後續的影響。「有天洛杉磯來了一場傾盆大雨，有些人穿著雨靴和牛仔褲進公司。我走向一位經紀人說：『打扮得不錯，你今天是去拍攝現場工作嗎？』這馬上引起全公司的人緊張。」奧維茲給他下了一個嘻哈式的最後通牒：你是妓女還是顧客？你是世界一流的經紀人還是不成氣候的小演員？這種強硬但大部分都沒有明說的做法，很快就完全改變創意藝人經紀公司所有人的穿著。「唯一例外的是我們的音樂部門，因為音樂人不喜歡穿西裝的傢伙。」

這條著裝規則對文化的影響相當深遠：

這變成我們的信條：我們是有格調、優雅且保守的商業人士。不需要大聲嚷嚷，大家就會知道我們想要達成的目標。我們透過文化打造了一項事業，而且人們會因為文化而予以尊重。

你的穿著是你最外顯的行動，也會是驅動你的組織行動最重要的隱形力量。奧維茲的結論是：「比起有形的事物，無形的事物更能塑造文化。這是決心的結果。」

整合外部領導人

當我還是響雲端的執行長時，為了保障公司的存活，我必須將公司從懷抱雄心壯志的雲端服務公司，轉變為埋頭苦幹的企業軟體公司。在二〇〇〇年初的網路與電信崩盤後，雲端服務的市場一夜之間就從無限大縮減到接近零的狀態。後來我們費盡千辛萬苦轉型成一家名為Opsware的新公司後，卻發現軟體市場裡有一家叫做BladeLogic的競爭對手把我們打得落花流水。我知道要跟他們競爭，就得來一次大幅的文化轉變。

響雲端的業務基礎在於提供無上限的服務，我們塑造的企業文化也是為了滿足這項目標，因此專注在賦權、移除阻礙成長的瓶頸，並且打造優良的職場環境。為了成功成為一家企業軟體公司，並且把我們的平台賣給大企業，公司的文化必須轉而以「急迫性」、「競爭力」與「要求精準」為重。我也得引進一位具備這些特質的領導人。

後來我聘雇的業務部主管馬克・柯蘭尼（Mark Cranney）在文化上與我們不太合拍；事實上，他完全格格不入。我們的員工大部分是來自西岸、沒有宗教信仰的民主黨人士，通常穿著輕鬆、為人親切隨和、相信人性本善。柯蘭尼是來自波士頓、信奉摩門教的共和黨員，天天穿西裝打領帶、對人總是充滿戒心，而且相當好勝。但是在接下來的四年裡，他不但拯救公司，還讓我們獲得眾人難以置信的結果。

我知道為什麼要聘雇柯蘭尼。面試的時候，我看得出來他很急切，也具備實際知識，還有我們需要的紀律；但是我不知道他為何接受這份工作。他知道我們落於人後，而且從公司有許多人愛吃穀麥這一點，他認為我們大概就會是輸家。不過他為什麼願意冒險？我最近問了他，他的理由讓我驚訝：

> 我在東岸一家叫做PTC的公司已經無法再升官；公司高層玩的是裙帶政治那一套。我當時看遍波士頓大約四十個業務工作機會，但沒有一個吸引我。
>
> Opsware的招聘人員打了好幾次電話給我，我最後回電說：「我不會去加州！加州的房市爛透了，文化也爛透了，而且他們根本不珍惜業務人才。還有，你說的這家公司不就是被BladeLogic叫做『完蛋的Opsware』的公司嗎？＊你到底在想什麼？我他媽的很蠢嗎？」
>
> 但是對方還是不斷打電話來，最後我只好說：「好啦，我會去跟馬克和本見

面，就只有這樣。（馬克・安德森是公司的共同創辦人。）當我抵達舊金山後，看著黑莓機才發現，我得跟他媽的一群人面試。

所以我來了，接著你從小隔間走出來，我心想：「他媽的隔間公司。」這些隔間證實我一開始的疑慮：軟趴趴的海灘男孩、愛談共識、每個人都有話要說。這對工程師來說很好，但是業務與行銷人員每天都在打仗，團隊裡每個人都得服從紀律。然後，我又看到會議室的名稱叫做「胡椒鹽姐妹」（Salt-N-Pepa）、聲名狼藉先生（Notorious B.I.G.），當時我心想，這他媽的是什麼鬼啊？當我知道那是嘻哈歌手的名字時，我馬上覺得，老天爺啊，這實在不妙。

我們坐下來後我說：「本，開始面試前我得知道你的流程和決策標準。你已經讓這麼多人面試過我，如果他們都能投票決定，難怪你今天會落到這樣的處境。」但是你從椅子上站起來說：「幹，混蛋！我是執行長，由我決定。」當你說出：「幹，混蛋！」我就告訴自己，等等，也許這個工作我可以接。

我嚇到了，就這樣？因為一句「幹，混蛋」就決定接下工作？這太怪了，但我印象深刻，因為我是有意這麼做。當時為了要了解柯蘭尼的為人、融入他的文化，我刻意讓他覺得不那麼格格不入，所以他才願意冒險加入我們。

我們在最後一刻找到他。然而，我們不僅缺乏企業銷售文化，更缺乏所有能夠鞏固文化的條件，例如業務哲學、方法與態度。我們需要贏得交易的途徑、可以勝出的可靠方法，還有拒絕失敗的態度。柯蘭尼完全具備這些條件。首先，他的哲學是他相信公司不能賣出產品就是被賣掉，如果你不說服顧客買產品，那就是由顧客說服你為何他不買單。

他向我們的八人業務團隊逐步灌輸四C關鍵。為了達成銷售，第一，你必須有能力（Competence）：對你販售的產品與展示產品的方法具備專家級知識（透過釐清需求與預算確認買家；協助顧客定義採購標準，同時對競爭者設下陷阱；從顧客端的技術與

* 「完蛋的 Opsware」的原文是「Oopsware」。BladeLogic 把 Opsware 公司名中 Ops 改為 Oops（意思是「糟糕」或是「完蛋」），用來諷刺這家公司不會成功。

財務人員手中取得簽字等）。第二，必須有闡述觀點的自信（confidence），這會帶出第三、四項關鍵是有勇氣（courage）保持信念（conviction），不會被顧客拒絕買單的理由說服。柯蘭尼對於訓練、測試、培養每一位業務人員具備四C關鍵非常堅持。

對他來說，銷售是團隊運動。我這樣說好像他把銷售弄得像是有趣的大學生活，但事實並非如此。他很常說，大多數的業務代表都有《綠野仙蹤》（*Wizard of Oz*）裡的問題，不是缺乏勇氣、腦袋，就是缺乏想要成功的心，所以才需要訓練與團隊。每一支業務團隊的每一位成員都有特定角色要扮演，例如技術行銷、訪問或滲透客戶的組織、完成交易等，如果他們不能完美達成任務，業務就會處於險境。很快的，柯蘭尼的方法開始發揮效果，他到任後九個月內，我們的業務團隊擴張到三十人，成交機率從原來的不到四五％提升到八五％。

他認為跑業務跟踢足球一樣，所以特別注重時間和成績。他對於拿下訂單的急迫態度，以及他完全無法忍受任何人損害我們投注的努力，都為他的團隊帶來幾次衝突。他到職後有次去位於曼菲斯的聯邦快遞（FedEx）查訪，觀察我們技術上的概念驗證（Proof of Concepts，簡稱POCs），確認我們安裝在企業環境裡的軟體，是否如同廣告上的宣示，可以好好管理他們的伺服器。因為網路設備、伺服器與軟體的差異非常大，概念驗證可是既複雜又令人充滿壓力。當時，我們公司最優秀的現場工程師奇普・史塔基（Chip Starkey）正在做測試，柯蘭尼問他業務代表麥克去哪了，史塔基說：「他從來不參加這種事。」於是，柯蘭尼拿出電話：

柯蘭尼：麥克，你今天好好運動過了嗎？

麥　克：有，我今天跑了五英里。

柯蘭尼：太好了，你接下來有更多時間可以運動，你被解雇了。

柯蘭尼上任兩個月後，我接到來自賽・隆恩（Sy Lorne）的電話，他是我們董事會的成員，也是治理委員會主席，負責協助設計我們的吹哨者政策；他還是一位傑出的律師，曾經擔任美國證券交易委員會的法務長。他跟我說：

隆恩：本，我收到一封滿令人困擾的信。

我：（高度警戒）信上怎麼說？

隆恩：信上寫：「親愛的隆恩先生，我會越級報告寫下這封信給您，是因為您負責Opsware的吹哨者程序。最近，我到訪Opsware接受面試，我必須向您報告當時的經歷。我在Opsware見到的每一個人都極度專業、行為端正，並且始終謙恭有禮，除了馬克．柯蘭尼這個人。在我整個職涯中，從未碰過如此缺乏專業、沒禮貌的事情。我要求即刻解僱柯蘭尼先生。在此致上誠摯的敬意。（刪除姓名保護當事人）」

我：他有說發生什麼事嗎？

隆恩：沒有，整封信就這樣。

我：你覺得我應該怎麼做？

隆恩：嗯，你必須調查，你調查完我們再談。

我打電話給人資主管夏儂．席爾茲（Shannon Shiltz），席爾茲跟多數人資專家不一樣，她不搞政治，而是像忍者一般，精準瞄準目標後安靜的行動。我說：「席爾茲，我需要你調查柯蘭尼這件事，但是不要觸發他的偏執神經。如果有需要，我們最後才跟他談。」她回答：「了解。」

三天後，席爾茲回報她已經跟所有相關人士談過，包括那位自稱受害者的舉報人。但是，奇妙的是，公司裡所有人，包括柯蘭尼本人，都沒有意識到她在進行調查。我說：「告訴我所有壞消息吧，不要保留。」她說：「不過，好消息是大家的說法都完全一致，所以我根本不需要跟柯蘭尼談就知道發生什麼事。」我很驚訝，因為我見過的所有調查中，唯一可能達成一致的就是各方說法會有衝突。我問她當時到底發生什麼事，她說：

面試者具備內部銷售業務代表的經驗，但並沒有太多對外的經驗。（在企業軟體市場中，外部銷售代表通常是比較資深的職位。）他跟不同的人面試後，接著輪到柯蘭尼面試。面試開始五分鐘後，柯蘭尼說：「好，結束。」然後，在面試者離開隔間前，柯蘭尼揉爛履歷扔進垃圾桶。接著，面試者還沒離開聽力可及的範圍，柯蘭尼就從隔間伸出頭來對著招募經理大喊：「那個他媽的可悲的混蛋是怎麼一路過關斬將到我面前的啊？」

我猶豫了。我想要具有高度競爭意識的文化，但是不是做過頭了？也許吧，但是我們是在打仗，必須凶殘且迅速。我打電話給隆恩，想聽聽他的想法。他聽完整個故事說：「這真瘋狂。」我問：「我需要解雇他嗎？」他告訴我：「不，不用，但是你可能要跟他談談，讓他在可以隔音的小房間裡工作。」

我們有一項平等文化借用自早期的英特爾，所以所有員工，包括我，都坐在開放式的隔間裡。我聽取隆恩的建議，與柯蘭尼一起坐下來談論事情發生的經過，並且解釋他的所作所為會為公司和他帶來哪些影響。他理解問題出在哪裡，但他就是這樣的人，所以我打破公司規則，給他一間個人辦公室；這樣一來，一旦他脫口說出任何話（而且他的確會口無遮攔），也不會讓所有人都聽到。這時候，平等的文化美德不會比我們需要的求生文化還重要。

柯蘭尼進公司時，我們的市值大約是五千萬美元；四年後，公司賣給惠普時，市值已成長到十六・五億美元，大概是BladeLogic的兩倍。引進柯蘭尼的文化元素創造極大的差異。

我們並沒有記錄說明，當士兵看到盧維杜爾引進法國與西班牙士官時的種種反應。但是，可想而知，彼此之間肯定關係非常緊張。如果你帶入外部的領導人，就會讓所有人不舒服，這就是文化改造時會有的感受。

決策必須凸顯出你最重視的事

一九八五年，里德．哈斯廷斯（Reed Hastings）還是個二十四歲、很想要用電腦工作的高中數學老師，他在一家叫做Symbolics的公司端咖啡，只是為了想要更接近電腦產業。

Symbolics是第一家註冊網域名稱（Symbolics.com）的公司，專做程式語言LISP。程式語言LISP既優雅、又比對手的C語言更容易學；它的優雅來自於工程師不用管理電腦的記憶體，這在當時是令人無法忍受又耗時的工作。但是，

Symbolics為了跑這套程式語言，就得製作特殊的硬體。當哈斯廷斯不用忙著端咖啡時，就在學習編寫Symbolics機器上的程式語言。

後來，哈斯廷斯拿到史丹佛大學的電腦科學碩士學位後，卻必須改用C語言作業，他因此感到沮喪。不過，他開始學著用更聰明的方式管理記憶體，以藉此改善程式語言LISP，這樣才能一直使用它。同時，他還發現一些技巧，可以更快速幫C語言除錯。

當時，最惱人的軟體程式錯誤就是「記憶體漏洞」。這種情況會發生在工程師把電腦記憶體短暫分配給其他功能，但卻忘記把記憶體還給機器的時候。因為這些漏洞只會在使用者採取隨機、無法預測的路徑時才會發生，所以特別難以再造或修復，於是在這樣的狀態下，機器根本無法使用。

哈斯廷斯在研究室想出一種方法，可以在程式上線運作前偵測到記憶體漏洞。一九九一年，他成立純粹軟體公司（Pure Software），將他的發現當作產品銷售。他的產品「純化」（Purify）大幅改善人們開發軟體的方式，因此相當熱門。

但是，當時他並沒有注意管理或文化上的問題，於是隨著員工數增長，公司士氣反而衰退，衰退到他要求董事會撤除他的執行長職位（但董事會拒絕了）。每一次純粹軟體公司出現文化上的問題，都會雷厲風行的採取改善流程，彷彿公司在致力於提升半導體良率。然而，設立一大套規範行為的規則，雖然可以盡可能的移除所有錯誤，卻無法鼓勵探索與自由思考，因此帶來的副作用就是遏止創意。

純粹軟體公司在一九九五年上市，兩年後以五億美元賣給理性軟體公司（Rational Software），這讓哈斯廷斯有資金可以成立網飛。

為什麼這位電腦天才要成立媒體公司呢？

在史丹佛，哈斯廷斯上了一門課要計算電腦網路的頻寬。這個電腦網路是載著一大堆備份硬碟在全國到處跑的旅行車，如此脫離常規的案例讓他從不同角度思考網路。

在一九九七年，有一位朋友給他看最早期的DVD光碟，哈斯廷斯心想：「哇，我的老天，這就是旅行車啊！」他對DVD的解讀促使他建立了高延遲、高頻寬的電腦網路，以三十二美分的郵資傳遞五GB的有效負載資料。換言之，他開了一家透過郵務系統寄送電影的公司。

他知道這個網路遲早會成為低延遲、高頻寬的型態，還可以在網路上串流播放內容；所以他的公司名稱才叫做「網飛」而不是「郵遞DVD」。但是，早在一九九七年，網際網路還沒準備好，距離可以串流播放內容還很遠，不只影像很小、視訊還會跳動，根本沒辦法觀看。

結果，網飛首先變成一家郵遞DVD的公司，與百視達（Blockbuster）和沃爾瑪（Walmart）競爭。到了二〇〇五年，哈斯廷斯與團隊第一次看到YouTube，雖然品質並不理想，但是使用者可以挑選影片、點選播放後立即觀看。

兩年後，網飛發表影音串流服務。哈斯廷斯後來觀察到，真正的挑戰不是進入新事業，因為幾乎每一家公司都能做、也都會進入新事業；真正的挑戰是商學院的基礎課程，也就是不只要進入新事業，更要把它當成一門生意經營，幾乎沒有公司辦得到。網飛整體的高顧客滿意度、高獲利文化都是在寄送DVD時打造起來。

到了二〇一〇年，哈斯廷斯認為他的手上已經有足夠的串流內容，可以到沒有郵遞DVD服務的加拿大進行實驗。在三天內，網飛在加拿大就招募到大量串流訂戶，這是他們原本預期得花三個月才能達到的訂戶數量。網路串流服務的時代明顯已經近在眼前，但是哈斯廷斯如何跨出這一步，打造以串流服務建構的全球企業呢？顯然的，一開始他得把串流與光碟片一起捆綁銷售，但是下一步呢？每一次，他向團隊提起這個關鍵的議題，試圖帶領公司跨大步跳進未來的時候，談話主題又被導回如何改善DVD租賃服務。

於是，為了彰顯優先順序，哈斯廷斯做出一個困難的決定：把所有負責DVD事業的高階主管踢出每週管理會議。他後來說：「那是建立公司的過程中最痛苦的一個時刻。」他也說過：「因為我們愛這些人，我們都是跟著公司一起成長；他們負責的工作雖然重要，卻並無法為串流服務的討論增加價值。」哈斯廷斯長久以來都保持警覺，為了網飛著想，他致力打造一個純粹的串流公司。他知道競爭者不會讓DVD事業的主管參與會議，所以，既然網飛要成為串流公司，為什麼還需要那些主管參與會議？

你應該很難找到一本管理書會建議你，應該把為公司帶來營收的忠誠團隊踢出主要會議作為獎勵。但是哈斯廷斯了解，朝向對的方向推動文化可以讓其他優先事項跟著動起來。他必須把原本注重內容與後勤物流的文化，轉移成注重內容與科技的文化。這種改變會衝擊所有事情，從工時到薪資策略都會受到影響。但是如果他沒有成功，今天的網飛就會是在二〇一〇年宣布破產的百視達了。

盧維杜爾知道，只告訴人們農業是優先事項並無法成事，他必須做出戲劇化的行動，清楚展現出「農業就是最重要的事」，讓所有人都記得。於是，他寬恕所有的奴隸主，讓他們保有土地，沒有比這更清楚的訊息了。同樣的，哈斯廷斯不能只說串流是優先事項，他得用行動宣示。

網飛闖出來的成績相當壯觀。不過不久之前在二〇一〇年，它在媒體巨擘眼中還是個笑話。時任時代華納（Time Warner）執行長傑佛瑞・比克斯（Jeffrey Bewkes）說：* 「這有點像是，阿爾巴尼亞軍隊有可能征服全世界？」他補充道：「我不這麼認為。」今天，網飛的市值超過一千五百億美元，這家公司的價值幾乎是AT&T併購時代華納價格的兩倍。

言行合一

二〇一六年美國總統選舉期間，發生了一連串令人難堪的爆料風暴。媒體揭發唐納・川普（Donald Trump）過往幾次的破產紀錄、苛刻員工，還有在準備錄製《前進好萊塢》（*Access Hollywood*）前所說的猥褻厭女言論。但是，最有影響力的爆料還是希拉蕊・柯林頓（Hillary Clinton）處理高級機密郵件的做法。這項指控具有強大的後座力，在共和黨全國代表大會上，活動的高潮是現場所有人高喊「把她關起來」，要求將希拉蕊以從事間諜活動與其他罪行定罪。執法單位從未認為她曾經從事犯罪行為，但是政治上的損害顯而易見。*

身為國務卿，希拉蕊使用私人的郵件伺服器而不是政府的系統來收發信件。她的政敵認為，她肯定是藉此傳送機密文件給美國的政敵。希拉蕊和盟友都澄清說明，使用私人郵件伺服器就是為了方便，而且在約翰・凱瑞（John Kerry）之前的國務卿都沒有人使用國務院電子郵件，柯林・鮑爾（Colin Powell）甚至是使用美國線上（America

---

* 時代華納於一九九〇年由史帝夫・羅斯（Steve Ross）創立，二〇一六年被AT&T併購後更名為華納媒體（Warner Media）。

Online，簡稱AOL）的帳號。

所有必須在多台行動裝置上處理許多個電子郵件帳號的人，都能夠理解希拉蕊的說法。她表示在公開伺服器上收發的郵件都不是機密郵件，美國聯邦調查局探員接受了她的解釋。但是，她的電子郵件風波並沒有就此打住。

隨著選戰白熱化，俄羅斯駭入希拉蕊競選總幹事約翰・波德斯塔（John Podesta）的信箱，竊取大量的民主黨電子郵件。這起駭客事件與後續的發展，很可能影響選戰結果偏向川普陣營。不過，俄羅斯是怎麼扭轉局勢？這會是大膽的網路犯罪嗎？

網路安全新聞媒體《網路獨家》（*CyberScoop*）解釋了來龍去脈：

> 波德斯塔並不是因為使用不安全的密碼而遭駭，他的電子郵件出現漏洞是因為駭客寄了一封魚叉式網路釣魚（Spear Phishing）郵件，偽裝成Google發出的信件，告知他帳號已經遭駭，必須提供身分驗證資訊。*這是駭客常用的手法，可以營造情緒上的急迫性。這個手法相當諷刺，假裝帳號遭駭是駭客慣用的伎倆，因為這樣可以讓被害者在不經思考或確認後果的情況下迅速點進惡意連結。

也就是說，波德斯塔被駭的原因非常簡單又常見：一封告知他要點擊連結保護自己的郵件。曾經讀過最基本的網路安全文章的人都知道，第一條規則就是「不要點擊任何未知的連結並且輸入密碼」，而且任何一家正當的公司都不會要求你這麼做，所以，這怎麼會發生呢？

官方說法是波德斯塔把這封可疑的郵件轉給競選總部的資訊人員，詢問郵件來源是否正當，資訊人員回覆競選團隊助理查爾斯・戴拉文（Charles Delavan）表示是釣魚攻擊的郵件。然而，戴拉文寫給波德斯塔的短信上卻打錯字，寫成「郵件來源正當」，而且波德斯塔應該「立刻更改密碼」。我們應該相信這套說法嗎？這就像是自殺防治熱線的接線人員不小心打錯字，建議有自殺念頭的個案應該吞下一整瓶藥，然後用五分之一瓶龍舌蘭酒把藥沖到胃裡。

＊「魚叉式網路釣魚」指的是針對特定目標進行的網路釣魚攻擊。駭客會鎖定特定人物或特定機構的員工，精心「客製」極具說服力的電子郵件，誘使被害者點擊信上附加的連結或檔案。

所以，這整起事件歸咎於基層助理人員，媒體和民主黨自然無法群起攻之。不過，到了最後，民主黨有沒有掩蓋事實的疑慮已經不是重點，重要的是，俄羅斯駭入波德斯塔的郵件，揭露出一些有點令人尷尬的插曲，最後累積成重大的選情傷害。這些插曲包括：競選總部工作人員不只事先得知總統辯論的部分提問，還從司法部取得希拉蕊郵件案的不正當資訊，甚至針對二〇一二年班加西領事館攻擊事件聽證會開玩笑。*

希拉蕊在《發生什麼事》（*What Happened*）中承認，她處理郵件的方式的確造成疑慮，所以前任聯邦調查局局長詹姆斯・柯米（James Comey）在投票前十日寄給國會的煽動性信函裡才會指出這個問題，再加上波德斯塔郵件遭駭的事件，她形容：「柯米的信與俄羅斯的攻擊，這兩件事加在一起就是毀滅性的組合。」

整個競選團隊怎麼會如此輕忽呢？

無論你支持希拉蕊（像我一樣）或傾向貶損她，大多數明理的人大概都同意她是一位具備經驗與能力的經理人。她在競選活動中明確指示所有人要重視安全；二〇一五年三月底，聯邦調查局探員拜訪她的競選經理，警告他們外國政府可能試圖對他們進行網路釣魚攻擊。所有人登錄郵件時都必須使用兩步驟驗證（Two-Factor Authentication，簡稱2FA），† 而且每一位競選團隊成員都接受訓練以預防網路釣魚攻擊。如果波德斯塔遵循這些規章，就能阻擋那一次的網路釣魚攻擊，畢竟那些規章已經是一套符合標準、有雙重保險的保護機制。

然而，這套計畫中有個瑕疵。兩步驟驗證流程只套用在每個人的工作信箱，但是釣魚信是寄到波德斯塔的個人信箱。不過，有哪些舊習可能發揮影響力，讓波德斯塔認為可以用個人信箱收發成千上萬封高機密競選郵件嗎？好吧，答案昭然若揭。

希拉蕊從來沒有告訴波德斯塔：「別太在意電子郵件安全。」她也完全不可能這麼說，但是她的行為卻推翻她的本意。競選團隊是否為了防堵攻擊採取所有必要的行動已

---

* 班加西領事館是美國駐利比亞的外交單位，攻擊事件發生於二〇一二年九月十一日，除領事館外，一棟位於一英里外的美國建築物也遭到攻擊，主謀是伊斯蘭恐怖主義激進武裝分子。這起事件中，包含大使約翰・史蒂文斯（John Christopher Stevens）在內，共有四名美國官員喪生。希拉蕊為時任國務卿，曾向調查委員會表示國務院雖收到通報，但沒有足夠情資判斷是否有恐怖攻擊的計畫。

† 兩步驟驗證又稱為雙重驗證或雙重認證，指的是除了輸入帳號密碼之外，額外採用第二種不同的認證方式（如個資、個人裝置或是指紋等生物辨識機制）以確認使用者身分。

經不重要，因為波德斯塔模仿的是希拉蕊的行徑，而非她的口頭指示。她嘴上說著：「要保護好你的郵件。」但她的行為釋出的訊息卻是：「個人方便最重要。」你怎麼做總是比你怎麼說更重要，這就是文化運作的方式。

在責難希拉蕊造成這麼災難性的錯誤之前，請記住，所有領導人都會做出日後才悔恨不已的決定；沒有人是完美的，我們甚至連邊都沾不上。而且，她犯的錯很常見、也可以諒解，因為大多數人都把網路安全當成獨立運作的職責，像是薪資管理一樣，與企業文化毫無瓜葛。實際上，組織績效當中最重要的面向，如品質、設計、資訊安全、財政紀律、顧客服務等，全都與文化有關。

當你不可避免的採取與文化不一致的行動時，最好的解決方式就是承認錯誤，然後採取近乎矯枉過正的行動以改正錯誤。坦承錯誤與自我修正必須公開進行，而且手法也得夠激烈才行，這樣才能夠抹除之前的決策，形成新的教訓。

希拉蕊似乎從來沒有想過要承認或是修正錯誤，畢竟美國政界的鐵律就是「永不認錯」。（這條規則也是大多數政治人物難以讓人真心敬重的原因。）在她的書中，她只接受指責她疏忽大意的部分責難，卻閃避了大部分的責任，她表示：「一個愚蠢的錯誤卻變成決定與摧毀選戰的醜聞，都是拜下列亂源的結合之賜：機會主義的擁護者、部會之間的爭權鬥勢、輕率的聯邦調查局局長、我無能以人們聽得懂的方式解釋清楚這個爛攤子，以及媒體的大量報導讓選民認為這是選舉中最重要的事件。」

然後，她寫到關於波德斯塔的郵件洩露事件時表示：「這些事與我在國務院使用個人電子郵件沒有關係，而且是完全無關。但是，對很多選民來說，這些都混在一起了。」在希拉蕊的認知中，這兩起電子郵件事件的確毫無關聯，但是在我看來卻是大有關係。當然，即使希拉蕊沒有輕忽電子郵件的安全，民主黨的電子郵件也可能遭駭，但是重點在於，當你身為領導人時，即使是無意的行為也會塑造文化。

言行合一可能是最難做好的一門技巧，沒有人能夠百分之百做到位，就連盧維杜爾也沒做好。為了說服眾多奴隸加入起義，他告訴大家路易十六指派他為代表，事實上他不是。但是他如果不說這個謊，起義就可能不會成功。他該為了保護價值觀而讓起義出現風險？這樣還有什麼意義呢？他頂多只能在他和親愛的起義夥伴被處死時，自我安慰至少他創造出一個純淨又完美的文化。

我擔任響雲端執行長時，試圖創造一個透明的文化，每一件重要的事情我都會與大家分享。這可以讓大家認為自己也是公司的當家，而且面對最大的問題時，也能讓更多人一起討論、腦力激盪。

但是，二〇〇〇年網路泡沫後，再也沒有人相信新創公司的事業，響雲端頓時面臨破產。當時，我掌握微乎其微的機會想帶著大家轉型成軟體事業，這樣一來就不需要那麼多資金，也更有可能生存下來。不過我沒跟多少人說起這項計畫。為什麼？因為一旦我們要轉型的消息走漏出去，不僅既有的生意會垮台，連尚未成型的新生意都會跟著石沉大海。然而，當事實變得顯而易見，也就是我把響雲端賣掉、把剩餘的單位重組為Opsware時，我們的企業文化遭到衝擊。大家對我的信任感大幅降低，但是為了拯救公司，我得傷害文化、暫時不再遵守言行合一的信條。

在此之後，要重新恢復企業文化著實不易。我採取的做法是，先承認過去所有的罪行，然後為了重新塑造另一個不同層次的透明文化，我以非常僅有的資源，在能力範圍內做出最令人難忘的安排：在加州聖塔克魯茲（Santa Cruz）安排一場全公司的外出聚會。我租下夢想汽車旅館的房間，外燴餐點是火腿沙拉三明治和飲料券；我讓旅館為每間房間加床，乍看是為了省下更多錢，但真正的理由是沒有一家矽谷科技公司會讓員工共享房間；而我要讓大家記得這次外出聚會的所有細節。不過，這項計畫也讓我自食惡果，落得要跟超級會打呼的財務長大衛・康堤（David Conte）共處一室。

此外，我明確的告訴大家，第一天下午和傍晚都不會討論工作，這段時間我們要用來認識彼此。這個做法對一家已經成立三年半的公司來說可能顯得多餘，但我的目的是要讓大家可以自在的跟身邊的伙伴相處，這可是個大挑戰。

隔天，我在會議上一開頭就說：「好的，我就是把公司搞砸的人，那麼這一次你們為什麼應該相信我？」接著，我讓管理團隊報告公司營運計畫的每一個面向，包括公開財務狀況與完整的產品和商業策略；而且我尤其要在財務上開誠布公，銀行裡的一分一毫與每一筆債務都不隱瞞。在一段必要的遮遮掩掩時期之後，公司再度完全透明。

我的計畫大部分都發揮效用了，參與這次外出聚會的八十人當中，只有四人離開，剩下七十六人一路待到五年後公司賣給惠普的時候。剛開始轉型時，我真的無法言行合一，但是還好我沒跌跤、也沒有臉朝下跌個狗吃屎。

訂定明確的道德規範

眾所周知優步（Uber）的企業文化運作不順，所以你可能會感到驚訝，當初崔維斯・卡拉尼克（Travis Kalanick）可是滿懷極大的企圖心在設計文化，並且嚴謹的在組織裡時施行。事實上，優步的文化一如當初的設計在運作，只是，設計中有個嚴重的瑕疵。

請看下列十四項幾乎原創的優步文化準則，這是卡拉尼克在二〇〇九年創立公司時訂定的價值觀，驕傲的優步員工總是將它廣泛的流傳：

1. 優步使命
2. 讚揚城市
3. 任人唯賢、無懼越權
4. 把握原則、不怕衝突
5. 致勝：冠軍心態

6. 人盡其才
7. 時時拚命、不計代價
8. 心念顧客
9. 大膽冒險
10. 創造魔法
11. 當擁有者，而非租賃者
12. 做自己
13. 樂觀領導
14. 好點子至上

卡拉尼克還定義出他期待在員工身上看到的八種特質：

1. 願景
2. 堅持品質

3. 創新
4. 狠勁
5. 執行力
6. 格局
7. 溝通
8. 超級激昂

這可不是你會在一般商管書上看到的乏味價值觀，也不是在建立共識的外出會議中會出現的模糊目標，而是領導人清楚溝通想要看到的行為時會提出的價值觀。

如果他花費這麼多力氣塑造優步的文化，到底是哪裡出了問題？問題在於「任人唯賢、無懼越權」、「致勝：冠軍心態」、「時時拚命、不計代價」以及「好點子至上」這些價值觀隱含的意義是公司最看重「競爭力」。卡拉尼克是全世界數一數二好勝的人，他用盡辦法把這個想法植入公司裡，而且他也成功了；優步在二〇一六年的市值達到六百六十億美元。

優步的新進員工都必須在優步大學（Uberversity）接受三天教育訓練，培訓師每一次都會優先拿出這套劇本：對手公司將在四週內推出共乘服務，但是優步無法自行推出一套值得信賴的共乘服務以擊敗對手，這時公司該怎麼辦？在優步大學，正確答案是：「趕快做一個暫時的解決方案，偽裝成已經準備好上路的方案，藉此打倒對方。」當初優步知道Lyft的共享服務Lyft Line即將上市時曾經使用過這個做法。（我任職的安霍創投公司投資了Lyft，我是他們的董事會成員，所以我很清楚知道這兩家公司之間的互動，而且我肯定會對Lyft偏心。）當時，有人（包括優步的法務團隊）提議要花時間打造一個可行、比UberPool的一・〇版本還厲害的產品，但是都被提醒：「那不是優步的做法。」其中隱含的訊息非常明確：假如要在正直與勝利之間選擇，在優步，我們不擇手段只求勝利。

優步開始挑戰中國共乘服務的市場領導品牌滴滴出行時，這樣一心求勝的心態也造成問題。為了對付優步，滴滴出行採取非常激進的手段，甚至駭入優步的應用程式傳送假的乘客資訊；當時，中國還沒有明確法規管制類似的手段。優步的中國分公司則以其人之道還治其人之身，也駭進滴滴出行的應用程式，並且把這種技術帶回美國。他們使用名為「地獄」（Hell）的程式駭進Lyft，一方面傳送假的乘客資料，另一方面則是把Lyft的司機資料傳回優步，讓招募人員可以進行挖角。卡拉尼克有下令，讓員工採取這些說得好聽是對抗競爭，實際上卻是法律上有爭議的手段嗎？事實很難講。但是，重點是他並不需要明說，他早就設計出會誘發這些手段的文化。

當有消息傳出字母公司旗下的自駕車公司Waymo正在研發共乘服務的應用程式後，優步開始積極招募Waymo的工程師，以加速助長他們的自駕車事業發展。即使字母公司的子公司Google是優步的大股東，而且字母公司的法務長大衛・德拉蒙（David Drummond）還是優步的董事會成員，優步也照樣這麼做。卡拉尼克甚至出手買下Waymo分拆出來的公司Otto，據稱這家公司偷走Waymo的智慧財產權。優步的主管知道Otto持有偷竊而來的智慧財產權嗎？我無法確定，但是這樣的做法的確符合優步的文化。

二〇一五年，一位名為蘇珊・佛勒（Susan Fowler）的網站可靠度工程師加入優步後，這家公司在文化上的問題變得舉世皆知。佛勒擁有物理學學位，還寫過一本與微服務（microservice）有關的著作，*不只聰明且個性樂觀。但是，完成優步的訓練課程後，她馬上就經歷到企業文化的黑暗面，後來她寫下一篇部落格文章，震撼優步的事業：

在頭幾週的訓練課程後，我選擇加入符合我的專業領域的團隊，事情就是由此開始變得很詭異。我正式到團隊工作的第一天，新主管就在公司的通訊軟體中傳來一串訊息。他說，他正處於一段開放式關係，女朋友很輕鬆就找到新對象，但他沒有。還說他試圖不要在工作環境中惹上麻煩，但總是無法克制要惹麻煩，因為他在尋找床伴。很顯然，他想要找我跟他發生關係，這實在太過分。於是，我馬上就把這些訊息截圖，向人資舉報他。優步當時是一家不算小的公司，所以我也照常理期待他們會處理這類情況。我認為向人資舉報他之後，他們會採取適當的處理方式，然後一切就會回歸正軌。不幸的是，事情並非如此。我舉報完之後，人資與高階主管都

＊微服務是一種軟體架構的方法，與傳統由同一種程式碼、語言、框架與平台構成一套軟體的做法完全不同，在微服務的架構下，程式會盡量簡化、縮小規模，並且只讓一個程式負責單一服務（微服務）。最後，只要將許多微服務串接起來，就能形成一套各自獨立但又能統合運作的軟體。

跟我說，即使他很明顯是在性騷擾並且向我求歡，但因為他是初犯，最恰當的處理方式就是發出警告並且嚴厲的斥責他。高階主管跟我說他「一直以來都是高績效工作者」（意思是主管認為他工作表現優異），如果就因為他這麼一次可能是無惡意的錯誤而懲罰他，他們會過意不去。

根據聯邦法律規定，如果一家公司收到任何性騷擾申訴（甚至不必像是佛勒記載的那種嚴重性騷擾），公司就得啟動正式調查。嚴格執行這條法律是人資最基本的專業素養，如同會計師必須認列營收項目那麼基本。為什麼優步的人資會明知故犯呢？因為人資經理相信，懲戒高績效的主管是缺乏競爭力的行為。

一位有為的工程師提出申訴而人資卻不予以調查，卡拉尼克不可能會認為這個做法沒有問題，這可不是他想要打造的企業文化。而且，他提出的各種價值觀當中並沒有提到、更沒有暗示主管可以性騷擾部屬。據說，卡拉尼克對這件事非常生氣，他看到一位女性因為工作表現以外的事情遭到評斷，這當然與「好點子至上」的價值觀背道而馳。但是，他的文化就是會出現這種反效果的副作用。

這些副作用一再發揮效應，當印度的優步司機傳出強暴乘客的不當行為時，美國優步的主管卻懷疑當地市場的競爭對手Ola，指稱他們付錢請乘客作假謊稱遭到強暴。一位進取心很強的高階主管艾力克・亞歷山大（Eric Alexander）主動「出擊」，並且取得受害者的醫療記錄，試圖釐清作假的嫌疑。當他的行為傳開來，全世界都氣瘋了。難道優步賄賂外國官員，才取得強暴受害者的醫療記錄嗎？到底發生什麼事？

風頭過去之後，竟然連優步的董事會都把矛頭指向卡拉尼克，他們太訝異了，不敢相信賭場裡竟然有賭博行為。難不成董事會從頭到尾都沒有意識到，企業價值觀裡就有一條「時時拚命、不計代價」嗎？他們肯定很清楚這項價值觀。他們知道這項價值觀是什麼意思嗎？如果他們不知道，絕對就是失職。我懷疑他們就是怠忽職守。畢竟，這些年以來，有很多故事都透露出，當這家公司遇到阻擋他們取勝的法律規定，他們究竟會採取什麼手段。

董事會有因為卡拉尼克設計出這麼一套好鬥的文化而生氣嗎？剛好相反，只要他能帶進幾十億的進帳，他們都會感到興奮不已。他們會暴跳如雷只是因為他被抓到短處，讓企業文化中的瑕疵在公司外部廣為人知。

從卡拉尼克的觀點來看，他已經把優先順序表達得非常清楚，而且董事會多年以來都為他背書。他公開表達對經營優步的方式為傲，也沾沾自喜優步獲得矽谷最具競爭力公司的名聲。他當時相信、現在或許也仍然相信，當他向董事會清楚的表達個人信念時，從頭到尾都沒有做錯事，治理公司的方式也都恰當合宜。沒有人可以指出他曾經下決策允許性騷擾、要求取得強暴受害者的醫療記錄，或是下令進行任何逾矩的行為。

這就是文化的本質，文化不是單一決策，而是長期一連串的行動展現出來的行為規範；這些行動不是只有一個人促成或執行的動作。文化設計可以幫我們規劃組織內的行為，但是就像所有程式都有程式錯誤，每一種文化也都會有缺失，然而要去除文化中的缺失遠比為程式除錯更困難。

卡拉尼克無意建立一個不道德的組織，他想要的是一家超級有競爭力的公司，只是他的程式碼中有錯誤。

中國的電信設備巨頭華為同樣也是迅速崛起的企業，他們憑藉的是強大但有缺陷的「狼性文化」，而這些越軌的行為最後演變成法律訴訟、跨國賄賂罪名的指控，還有財務長因銀行詐欺遭到逮捕的事件。

這一切都源於緊咬不放與競爭求勝的心態。根據《紐約時報》的報導，華為的員工會拿到一張床墊，讓他們工作到深夜時可以小睡片刻。此外，這家公司還有宛如新兵訓練中心的培訓課程要求新進員工晨跑，以及幽默短劇表演，示範就算是在危險的戰區裡該如何幫助顧客。

每一年，員工需要研讀並簽署一份商業指南。不過，華為還有一套非正式的規定，這就是文化發揮效用的地方。員工會被告知不能跨越「紅線」：透露公司祕密或是違反紀律與命令。但是，「黃線」的情況則是遊走於灰色地帶：華為基本上相當鼓勵員工用禮物或其他誘因贏得顧客，不必理會規則。於是，這導致華為在迦納與阿爾及利亞都遭控賄賂，還違反制裁伊朗的貿易禁令。此外，在公司默認的情況下，華為的員工竊取了T-Mobile智慧手機測試機器人Tappy的基礎軟體，甚至還把Tappy的部分機械手臂裝進筆記型電腦提袋裡帶走，以協助華為發展自家的機器人。換句話說，這一切最終都導向跨越紅線的違法行為。

在二〇一五年的公司大赦中，好幾千名華為員工承認曾經有過越軌的行徑，從賄賂到詐騙一應俱全，執行長任正非也許知道這一切，畢竟公司過往只以員工帶進多少生意來評估績效。不過，就算這場大赦活動的成果看來相當驚人，任正非還是寄出一封電子郵件告訴所有人，遵守道德標準很重要，這是當然的，但是「如果它阻擋企業生產糧食，那我們就要餓死了。」（當然，你也可以辯說，如果華為是在為中國政府做事，根據國家政策以情報單位的方式破壞規則自然合情合理，而且文化正好發揮應有的功能。）

你衡量事物的標準就是你的價值觀。華為的結果與優步如出一轍，你一旦移除遵循規則或遵守法律的要求，基本上就是拿掉文化中的道德標準。

要設計出毫無缺失的文化根本不可能，但是你一定要理解，最危險的缺失會導致道德的破口，所以盧維杜爾才會這麼明確強調道德準則。最好的預防針就是清楚表明你的組織絕對不能接受的行為，這可以讓你避免因缺失引發的道德破口。

讓我們再看一次盧維杜爾對士兵的演說：「不要讓我失望……不可容許掠奪戰利品的慾望讓你走偏……我們將敵人驅離出國土之際，將會有足夠的時間思考物質需求。」你可以想像得到這段演說有多奇怪，因為盧維杜爾的最終目標跟優步一樣，是要取得勝利。如果他沒有贏得戰爭，奴隸制度就無法廢除，沒有哪一件事比獲勝更重要了，不是嗎？如果搶劫能讓士兵開心，為什麼要禁止？

盧維杜爾這麼解釋：「我們正在打一場不可失去的自由之戰，自由是地球上最珍貴的資產。」每次談到道德準則，就一定要解釋理由。為什麼不能搶劫？因為搶劫會破壞真正的目標，真正的目標並非勝利而是自由。也就是說，如果你是以錯誤的方式獲得勝利，那有什麼意義？如果你是以剝奪旁觀者自由的行徑來抗爭，又怎麼能建立一個自由社會？如果不能打造一個自由社會，那麼你又是為何而戰？盧維杜爾以面對哲學家的方式對待不識字的前任奴隸組成的軍隊，而這群人在困境中努力贏得了挑戰。

優步董事會請走卡拉尼克、引進多拉・霍斯勞沙希（Dara Khosrowshahi）擔任執行長後，霍斯勞沙希立刻以一組新的文化價值觀取代引起麻煩的舊價值觀：

我們在全球建立事業，但活在當地。

我們心心念念顧客。

我們讚揚差異。

我們像擁有者一般行動。

我們鍥而不捨。

我們重視想法更勝階級。

我們大膽冒險。

我們做對的事，就這樣。

關鍵的那一句是「我們做對的事，就這樣。」

卡拉尼克的行為準則雖然危險卻很獨特，也是優步獨有的價值觀。霍斯勞沙希的新價值觀比較安全，但卻可以適用於任何一家公司。

再看一次新行為準則的道德指令：我們做對的事情，就這樣。霍斯勞沙希是一位厲害的執行長，他可能有一套周詳的計畫，可以將他的價值觀植入文化。但是，如果拿他與盧維杜爾的行為規範兩相比較，就會發現兩者在精準度上有差異。

一、「做對的事」究竟是什麼意思？

二、「就這樣」又說明什麼？

「做對的事」指的是當季業績達標，還是要說實話？指的是可以採用個人的判斷做事，還是凡事必須遵守法規？指的是可以拿道德準則作為虧損的藉口嗎？關於「做對的事」的意思，對於曾經在臉書那樣的文化環境中待過的員工，和曾經任職於甲骨文（Oracle）的員工而言，會不會有不同的看法？

盧維杜爾明白說出「做對的事」的意思是：不要搶劫、不可以對妻子不忠，以及必須為自己負責、扛起責任承擔個人事業、社會道德、公共教育、宗教包容、自由貿易、公民自尊、種族平等等等。他的指示明確、堅決並且可以長久流傳。

很重要的是，領導人一有機會就要強調價值觀背後的理由，因為「為什麼」才會被記住，而「做什麼」只是必須落實的各種行動當中的一小部分。所以，當優步只講「我們做對的事，就這樣」就是錯失了一次重要的機會。

最後，「我們做對的事，就這樣」讓事情看來簡單，也因此顯得微不足道。但是，道德準則並非易事，而是相當複雜的機制。所以，盧維杜爾才要以面對哲學家的方式與他的奴隸軍隊溝通，他需要讓他們了解，他們得對自己的抉擇深思熟慮。

如果你只記得一件事，要記住道德準則與困難的抉擇有關。你會對投資人說些無關緊要的小謊，還是解雇三分之一的員工？你會在大庭廣眾下被競爭對手弄得無地自容，還是選擇欺騙客戶？你會拒絕某位員工必須的加薪要求，還是犧牲公司的平等精神？

不管這些問題有多麼困難，比起在戰爭期間讓奴隸軍隊落實道德準則，你要面對的難題永遠不會那麼挑戰重重。

第 3 章

日本武士的模樣

我渾身興奮，青筋爆開
匪幫無人能擋
而我坦然赴義

——聲名狼藉先生（Notorious B. I. G.）

古代日本的戰士階級「武士」有一套稱為「武士道」的強大行為準則。這套行為準則讓武士從一一八六年到一八六八年間，統治日本長達將近七百年。即使武士已不再掌權，他們的信念依舊流傳，並且成為日本文化的根基，直至今日。

武士道的信條是經過挑選並且移植自神道教、佛教以及儒教，*部分信條已有千年歷史，因而略顯陳舊過時。但是，武士道文化能夠如此驚人的長久流傳，是因為它提供一套架構，用來應付各種可能遇上的狀況或是道德難題。武士道的指示簡短、有條理而且周全，武士以嚴謹的態度塑造出完整而全面的文化，即使到了今日也格外適用。

文化就是行為規範

武士道乍看像是一套原則，但其實是一套行為守則。武士將文化定義為行為規範，武士道則是一套美德系統，而非價值觀系統。價值觀只是信念，但美德則是你積極追尋或實踐的信念。耗費眾多精神氣力建立企業價值觀基本上毫無意義，原因在於價值觀強調信念，而非行動。在文化上，「你相信什麼」幾乎毫無意義，「你怎麼做」才能決定你是誰。

日本武士就連宣誓也都是以行動為依歸：

奉行武士道絕不遲疑，不落人後。

準備萬全，為主公所用。

殷勤孝親。

大慈大悲，方可為人。†

《葉隱聞書》是最為人所知的武士道智慧經典，書中指示：「所謂剛勇或怯懦，平

---

* 神道教是日本原生的傳統宗教，以民間信仰與自然崇拜為根基，屬於泛靈的多神信仰。

† 出自《葉隱聞書》序言〈葉隱閒談〉，是作者山本常朝歸納出來、作為武士必須奉行的「葉隱四誓願」。

日難以判斷，危急關頭才會顯現。」

死亡的重要性

現代日本文化中一項顯著的特質就是職人精神與對細節的重視。從壽司師傅到威士忌釀造者，從神戶牛生產者到汽車製造者，日本人對品質的專注與熟稔程度實在非凡。這樣注意細節的文化是從哪裡來的呢？

一切都從死亡開始。《葉隱聞書》中最出名的一句話就是：「武士道者，死之謂也。」另外一部重要經典《武道初心集》開宗明義就說：「以死亡常駐心中。」這個概念在任何文化看來都很嚇人。在你經常深思審視的各種人生議題當中，死亡可能最後才會思考。研究武士道前，我寧可花十小時看希拉蕊和川普在舞蹈大賽裡對戰，也不想要思考死亡。

《武道初心集》解釋隱含在死亡背後的思維：

如果你能理解到今日此時擁有的生命，明日此時未必仍然存在，那麼當你接收到主公的命令時，當你短暫拜訪雙親時，便會意識到這次很可能是最後一次，所以你不能失敗，否則就不能真正全心全意服侍主公與雙親。

書中同樣花費心力與篇幅來釐清死亡並不是坐以待斃：

如果你是以這樣的態度（指坐以待斃的態度）面對死亡，便會忽視對主公忠誠以及對雙親的家庭責任，武士道專業精神也將出現瑕疵，這種事不該發生。

心念死亡是要你日夜注意公共與個人的責任；每當你有空時、當你的思維淨空時，便要想著死亡，精心將死亡植入思想中。

這條規則就是文化的基礎。請注意，武士對死亡的覺察如何鞏固忠誠，以及造就對細節一絲不苟的態度。《葉隱聞書》中說到：

每天早上，武士都要在戶外沐浴，整剃前額頭髮，在髮上擦芳香的油，還要修剪指甲，以火山石修整，再以酢漿草拋光。當然，武器也要保持清潔，勤於擦拭、上油以避免鏽痕。對外表如此用心看來毫無意義，但這能體現武士隨時都能赴死的決心，才會精心注重外表。如果戰死時邋遢難看，會被敵人視為不乾淨。

一位弓道大師在牆上貼標語提醒自己「隨時身處戰場」。忠心耿耿的武士甚至連洗澡都會隨身攜帶一把木劍，讓自己不忘戰鬥、隨時準備好開戰，甚至赴死。

你的企業文化面臨最大威脅的時刻，就是危機來臨之際，你可能會被競爭對手擊垮，或是接近破產。如果你處在一個隨時都有可能被殺死的環境，你要怎麼專注面對手上的難題？答案是，如果你已經死了，就沒有人可以殺死你。也就是說，如果你已經接受可能發生的最糟結果，也就沒什麼可以失去了。《葉隱聞書》以血淋淋的細節描述，讓你想像並且接受最糟的結果：

以琢磨死亡作為一天的開始。每日晨間，以平靜的身心在腦海中想像人生的最後一刻。看著弓箭、槍彈、刀劍或長矛刺穿你的身體，看著自己慘遭巨浪席捲、跳進肆虐的火海、受到雷擊、在一場大地震中震到身亡、從數百呎的懸崖邊墜落、不敵絕症而身亡，或是單純意外身亡。每天早晨，必須沉思死亡、沉浸於死亡。

深思公司的末路能讓你以正確的方式打造企業文化。想像你已經破產，公司還會是一個很好的工作環境嗎？跟你的公司做生意會是什麼情況？與你打過交道的人會變得比較好還是更糟？你的產品品質能讓你驕傲自豪嗎？

現代的公司通常會把注意力放在衡量指標上，像是目標、使命與每季業績等，但是卻很少詢問員工為何每天來上班。是為了錢嗎？錢和時間哪一樣更寶貴？我的導師比爾・坎貝爾（Bill Campbell）常常說：「我們是為了彼此這麼做，你有多關心和你一起工作的人？你會想讓他們失望嗎？」

不管你的目標是心念死亡、為了彼此努力，或是其他類似的思維，工作必須對自己有意義，才能凝聚成一種企業文化。

定義美德

武士的言行舉止必須符合八項美德：正直或正義、勇氣、榮譽、忠誠、仁慈、禮儀、克己，以及誠實或真誠。每一項美德都有清楚的定義，並且透過一套原則、慣例與故事予以強化。這些美德共同發揮作用，形成一套彼此制衡的系統，因此任何一項美德都很難遭到誤解或誤用。讓我們聚焦於榮譽、禮儀以及誠實或真誠，檢視它們的運作方式。

榮譽

武士將榮譽視為自己的一部分，而榮譽在死後仍會流傳後世。沒有榮譽，其他美德都將變得毫無價值、粗魯野蠻。武士把這種想法落實得淋漓盡致，所以我們會看到某些極端的做法。有個相當有名的故事是，一位平民出於好意叫住一位武士，告知他背上有隻跳蚤，結果這位平民立刻被切成兩半。因為跳蚤是動物身上的寄生蟲，而這位仁兄等於是在大庭廣眾之下指出這位武士是野獸，這種事不能原諒。

有時候，有人在會議上質疑我不夠正直的時候，我的確是很想把他切成兩半，但是這種事當然不可能發生在現代社會。不過，你的個人名聲與榮譽在公司內部應該都具有意義，所以你要注意言行舉止。那筆交易是否符合你對正直的標準？你的團隊的工作品質是否合格？你願意把名字放上去嗎？當顧客或競爭對手質疑你的行徑，你是否能夠因為榮譽行事而無愧於心？

當然，如果你因為失態就被處死也有問題，因此，在文化當中必須要有互補的部分，規範你在每一種狀況中的應對方式，以避免這種突如其來的死亡。再來，要討論的是禮儀。

禮儀

禮儀這項美德由一套複雜的規矩所組成，規範武士在各種情況之下的應對方式，像是該如何鞠躬、行走或端坐，甚至包括品茶的禮儀。

雖然這些規矩略顯專斷，但背後隱含的核心信念是，禮儀就是對他人表達愛與尊重最極致的方式。遵循禮儀並非純粹遵守規矩，而是為了開始培養更深刻親密的關係。

《武士道：日本的靈魂》讓我們理解到，禮儀的概念依舊在日本運作：

當你走在毫無遮蔭的炎炎烈日底下，一位熟人擦身而過時，你向他點頭致意，他則是立刻脫帽。這一切看來再自然不過，但後續發展實在「令人笑掉大牙」，他與你說話時也放下遮陽傘，你們兩個人都站在烈日之下。這是多麼愚蠢的行為！沒錯，的確愚蠢，但是卻能傳達出下列意涵：你在太陽底下，我心有所感；如果我的遮陽傘夠大，或是我們的關係夠熟，我會與你共享遮陽傘；但是我們無法共享遮陽傘，所以我會與你共享你的不適。

今日我們美國人都在推特上抱怨、譴責社會缺乏同理心，更好奇為何同理心持續消失。文化可不是把憤慨集合起來，而是由一個個的行動組成起來。在充滿競爭的企業界裡，禮儀彷彿是被拋棄已久的美德。事實上，武士實踐以行動至上的禮儀美德，藉以表達抽象的愛與尊敬的概念，這樣的做法非常具有教育意義。

但是，武士要怎麼應對欺瞞與偽裝？如果人們用禮儀為藉口佯裝成尊敬的樣子，並且培養出表裡不一的文化怎麼辦？武士要如何阻止這種事發生？此時，武士道再次發揮作用。武士結合「禮儀」與「誠實或真誠」兩種美德，並且特別定義出缺乏真誠的禮儀僅是空洞的姿態，為了表現禮儀而說謊就是沒有形式的禮儀，因此不具任何價值。

誠實或真誠

武士對於真誠的概念深受孔子影響。孔子寫道：「誠者，物之終始。不誠無物。」誠實的文化強而有力，武士皆一言九鼎，反倒不需要紙上合約。這樣的概念在教養中也不斷被加強，小孩都是聽著「如果說謊會被處死」的故事長大。言語既神聖又莊嚴。

十六世紀諸岡彥右衛門的故事彰顯出這項美德，故事是說：

諸岡彥右衛門受到召見，對方要他簽署一份誓願書，證明他所說的是真話，他回答：「武士所言比鐵更堅，我一旦下決定，神佛也不能改變。」最後，他自然也不需要簽署誓願書了。

武士道精神的應用

我們在二〇〇九年創立安霍創投時，我知道我想要一項企業文化，那就是「對創業者的尊重」。創業投資者的存在必須仰賴創業者，我希望企業文化中可以反映出這樣的理念。從根本上來說，創業者必須向創投業者募集資金，但是創投業者通常認為自己處於上位，而且很多人也是這麼認為。

我則是採取武士道的做法。首先，我們詳細定義美德，並且花時間說明哪些行徑不是美德：

我們尊重創業過程中的搏命努力，我們也知道，如果沒有創業者，我們就沒有生意可做。面對創業者時，我們總是準時抵達會面地點、適時回應，並且嚴肅認真的提供回饋，即使是要告訴對方壞消息（像是拒絕投資），也不改這套做法。我們對未來抱持樂觀的態度，相信不論創業者是成功或失敗，都是在幫助我們邁向更好的未來。所以，我們從不公開批評任何一位創業者或任何一家新創公司。（做出這種冒犯的行徑會遭到開除。）

這並不代表我們會讓執行長任職萬年，我們是對公司負責，而不是對創辦人負責。假如創辦人已經不適合經營公司，他就不會繼續擔任執行長。

但是，還是有人誤會解讀成「永遠不對創業者說任何負面訊息」，所以我們又搭配另外一項美德：

即使會傷人，我們也要說實話。與創業者說話時，我們跟有限合夥人、合夥人或是對彼此，都會努力說實話。我們開放且真誠，不隱匿資訊，或是只說半套實話。即使真話難聽也難開口，即使後果會很艱難，我們仍舊戒慎恐懼的選擇說出真相。

我們也不會為了傷害別人感情、讓人難堪，而對某些瑣碎的真相執著不放。我們說出真相是為了讓人變得更好，而不是更糟。

為了在文化中鞏固落實這些行為，我們的焦點不在尊重的價值觀，而是在準時的美德。如果與創業者約好要開會卻遲到，每晚到一分鐘就要罰十美元。為了避免罰款，練習與努力不可缺，同時我們也會將一些好習慣植入文化當中。只要好好規劃前一場會議，與創業者的會議時間就不會出現衝突，而且不僅要有紀律的結束前一場會議，還要有紀律的開會，才能夠在安排好的時間之內完成所有事項。此外，必須避免被隨機的訊息或電子郵件干擾，甚至得思考該何時去上廁所。

我們最後並沒有收到太多罰款，大概只有不到一千元，而且還是剛開始實施的時候收到的罰款。因為罰款的威脅讓每個人時時注意準時，以及對創業者應有的尊重。

其他創投公司與關注這個產業的人誤解了這項美德，還把它稱為「對創業者友善」，我們也因此受惠多年，但是事實上這樣解讀根本大錯特錯。「對創業者友善」暗示即使創業者做錯，我們還是會站在他那邊。這種美德無法幫助任何人，反倒會創造出說謊的文化。當你不以行為決定某一群人的好壞，就是在把不誠實的價值觀植入組織裡。

武士道如何長久綿延？

在美國，父母很難說服孩子在晚餐聚會時保持禮儀，但日本是怎麼在全國落實禮儀文化超過十個世紀？答案是：武士文化發揮了作用。武士必須研讀武士道、牢牢記住、每日實踐；不過，其他文化中也有類似的模式，文化卻無法延續那麼久。武士文化得以留存有賴另外兩項技巧：一、他們詳細列出每一種可能發生的文化或道德上的兩難困境，避免規範遭到誤解或是刻意誤用。二、他們以栩栩如生的鮮明故事深刻的詮釋規範。

這套規範的特色就是它詳細思考過各種可能發生的情境。還記得優步簡短的那一句「我們做對的事，就這樣」嗎？現在來看《武士道初心集》怎麼說：

把事情做對的方法有三種。

假設你要和某位舊識一起前往某地，他帶來一百盎司的黃金，但不想再隨身攜帶，於是打算把黃金先留在你家，回來的時候再帶走。所以，你先把黃金收在沒人找得到的地方，結果旅途中舊識卻因為食物中毒或中風而過世。沒有人知道他把黃金留在你家，也沒有人知道黃金在你手上。

在這個狀況下，如果你別無二心單純為舊識的亡故感到哀傷，告知死者家屬黃金的事，並且盡快歸還，就是做對的事。

假設這位舊識只是熟人，你們之間並不親近；沒有人知道他留了黃金給你，也沒有人會問起這件事；而且，你剛好手頭有點緊。這不正是好運降臨，為何不默默的把黃金留下來？

如果你對這個念頭感到羞恥而改變心意，把黃金送回真正的繼承者手中，可以說你是因為羞恥心而做對的事。

或是假設你的家中某位成員，可能是妻子、小孩或是僕人，知道黃金的事。你擔心他可能圖謀不軌因而產生羞恥心，把黃金還給合法繼承者，那麼你就是因為其他人而產生的羞恥心才做對的事。

如果是你，在沒有人知道的情況下，你會怎麼做？

在這則故事中，「出於正當的理由」與「出於羞恥心或罪惡感」而做對的事，最後的結果並沒有明顯的區別。你「為什麼」做對的事不重要，重要的是你做了對的事。不過，建立規範的人知道，要在某些狀況下做對的事就是比較困難，所以才會提供參考案例。

假如你面臨的風險只有做錯事後被人贓俱獲，你會選擇做對的事嗎？如果被抓到的風險不大呢？假設你知道沒有人知道，也沒有人會想到那筆錢，而且你跟當事人不熟，但你又真的需要那筆錢，你會怎麼做？最後這個情境特別考驗人性。如果你不講清楚在那樣的情境下什麼才是「對的事」，那麼當你的員工遇到相同困境時，自然無法清楚知道該如何反應。然而，這種充滿考驗的困境將決定一家公司與企業文化。

善用故事發揮力量

與忠誠的美德有關的故事很多，《葉隱聞書》中有一則生動的故事更是栩栩如生：

相馬家的家族歷史記錄在名為「四劍元振」的卷軸上，系譜記錄詳盡，在日本相當出類拔萃。某年，相馬家遭到祝融之災，領主嘆息道：「我一點也不惋惜宅邸與家中用品，這些就算燒毀都能夠再造。但是，無法搶救出相馬家世代傳承的重要族譜，真令我感到遺憾萬分。」

一位侍從說：「我去火場把您的傳家寶救出來！」領主與其他侍從都難以置信的哈哈大笑：「你怎麼可能救得出族譜，現在房子都被火包圍了啊。」這位侍從總是沉默寡言，表現也不怎麼搶眼，但領主欣賞他勤奮工作的態度。他說：「對主公而言，我手腳笨拙不是好僕人，但是只要有機會，我隨時都準備好犧牲生命為主公所用，我相信現在就是那個機會。」語畢，他隨即衝進火場。

火災平息後，領主下令：「找到他的屍體，這件事實在令人惋惜。」他們翻遍祝融肆虐後的宅邸，最後在房子旁的庭院中發現他燒黑的屍體。當他們把他俯臥的屍身翻過來時，血液從胃部湧出來。原來他切開腹部把族譜塞進去以免於燒毀。自此，相馬家的族譜被稱為「血族譜」。

傳承這則故事就是鞏固忠誠價值觀最完美的方法。侍從是個平庸的人，過著平庸的生活，卻做出英雄之舉，從此流芳百世。他在自己身上挖洞保存卷軸，誰能夠忘得了他？相馬家的族譜甚至因為他而有「血族譜」的稱號。

故事與背後的涵義會定義文化。約翰・莫格里奇（John Morgridge）在一九八八年到一九九五年間擔任思科執行長時，想要省下每一分每一毫開支用於發展事業，但是他的員工長期處於隨意花錢的文化中，光是提醒他們要節儉並不能達成目標。於是，莫格里奇以身作則，出差都住在紅屋頂酒店，但是即使如此也無法真正感化所有同事，所以他想出一條一針見血的規範：「如果你無法從飯店窗戶看到你的車，就是付太多住宿費了。」當公司高階主管聽到這條規範，馬上了解到商務艙機票和奢華晚餐已經是過去式，而且更微妙但也更關鍵的是，他們理解到，出差的目的是為了滿足客戶的需求，而不是享受額外的特殊待遇。

早年我在網景通訊（Netscape Communications）工作時，公司就像是個辯論社，所有人對每一項決策都想要表達意見，因此常常爭執不下，輸的那一方總是盡可能想辦法翻盤，讓大家重新討論決策。公司無法讓事情順利進展，因為大家都不願意承認決策結果，然後讓事情向前推進。

吉姆・巴克斯代爾（Jim Barksdale）在一九九五年出任執行長時，他知道必須改變企業文化，但是要怎麼做？是要創造一項價值觀，告訴大家即使不承認決策結果也要照做嗎？我稍後會討論到，「不承認決策結果也要照做」是決策上的重要原則。但是，要把這個規範植入一個已經習慣唱反調的文化裡，真的不容易。你可以想像在一場激烈的辯論中，當某人說出：「就算不承認決策結果我們也照做吧。」你可能會回答：「做什麼？照我的想法還是你的想法去做？」

那麼，巴克斯代爾做了什麼？他創造出比公司更長遠留存的傳說。在一場公司大會上，他說：

在網景，我們有三條守則。第一條，如果你看到蛇，不要打電話給委員會，不要打電話給你的好朋友，不要組成團隊，不要一起開會，只要宰掉那條蛇就好。

第二條，不要跑回去玩那條死掉的蛇，太多人浪費太多時間在已經訂定的決策上。

第三條，所有的機會剛開始看起來就像蛇。

這則故事這麼生動又有趣，每一個人聽到都能馬上心領神會。如果你還沒有聽過，其他人也會很興奮的告訴你這則故事。當我們一再傳誦這則故事，公司就改變了。一旦人們理解到「殺蛇」比「如何殺蛇」更重要，我們的新文化就釋放出一股創意的能量。隨著公司帶領網際網路更加生活化，我們遇到的蛇不計其數。當時網際網路資訊沒有保障，所以我們發明安全通訊協定層（Secure Sockets Layer，簡稱ＳＳＬ）。網際網路無法在每次連線時保留上一次瀏覽器的資訊狀態，所以我們發明出cookies。網際網路環境並不易於設計程式，所以我們發明出程式語言JavaScript。這些是最好的解決方案嗎？可能不是。但是這幾條蛇死得很快，我們也從來沒有再回頭玩這些死掉的蛇，而且我們創造的技術依舊主導著網際網路。

為什麼武士道對日本文化影響如此深遠？複雜的答案會是，武士長時間以來發展並且持續精煉文化，並且運用一套多元的細膩心理技巧，讓文化變得不會消逝、如影隨形，最後完全自然的融入生活中。

不過，簡單的答案則是，武士始終心念死亡。

第 4 章

監獄裡的另類戰士

讓那黑 X 來惹我啊，試試看
信不信？我能宰了他媽的全家
老娘絕不是開玩笑
繼續瞎鬧吧，看我怎麼幫你收屍

—— 戴・洛芙（Dej Loaf）

夏卡・桑戈爾不是在古代日本長大，但或許他應該屬於那個時代。必要時，他能展現出哲理、高度的紀律與狠勁，非常適合武士生活。不過，現實中他其實在底特律貧民區長大，儼然是另類的武士。

二〇一五年，我在一個非常特別的情況下與桑戈爾初次見面。當時，安霍創投剛把歐普拉・溫弗蕾（Oprah Winfrey）在OWN頻道上的節目《信念》（*Belief*）搬上螢光幕，因此我約了她採訪。要訪問堪稱我這一代最優秀的訪問者實在令人膽怯，感覺就像是要跟愛因斯坦來場相對論隨堂測驗。我問歐普拉是否介意跟我一起搭車去訪問現場，這樣我可以在途中向她討教，請她指點我如何讓受訪者吐露心聲，或是避免場面過於尷尬。

在車上，她說：「首先你必須知道，你無法省略訪綱，否則你就無法傾聽，也會錯過最重要的問題，也就是追問後續的情況。」這項重點的確關鍵，但是我早就知道了。於是我問：「我想要知道，你怎麼跟受訪者提出相對侵略性的問題，但是又不讓他們顯現防衛心，而且還能敞開心扉、潸然落淚。」她接著回答：

我訪問任何人之前，都會先問清楚他們受訪的動機，並且告訴對方：「我會幫你完成目標，不過你得信任我。」舉個例子來說，上週拍攝《超級心靈星期天》（*Super Soul Sunday*）時，夏卡・桑戈爾受邀擔任來賓。桑戈爾曾經因為謀殺罪入獄十九年，其中七年都在單獨監禁的牢房裡度過。他身上有大塊的肌肉和紋身，還頂著一顆雷鬼頭，看起來非常嚇人。我問他為什麼要上節目，他回答：「我想讓人們知道，生命中曾經做過最糟糕的事也不能定義你是誰。人會悔過、贖罪。」我告訴他：「我明白了，我會幫你達成目標，但是你得信任我。」

於是，開始拍攝後我問他：「你什麼時候開始犯罪？」他說：「我十四歲開始接觸犯罪行為。」我讀過他的著作，所以我問他：「你九歲那年，有一次帶著很漂亮的成績單回家，媽媽卻拿鍋子砸向你的頭，那次是怎麼回事？當下你有什麼感覺？」他收緊肢體語言回答：「我感覺很不好。」我接著告訴他：「你必須信任我。那時你有什麼感覺？」他說：「那件事讓我覺得，不管接下來的人生中我做了什麼都已經不重要。」我說：「你並不是十四歲才開始接觸犯罪，而是九歲就接觸到犯罪。」話一說完，我們兩人都哭了。

這是我聽過最不可思議的故事，於是我立刻轉述給妻子費莉莎（Felicia）。但是，我好像不應該這麼做。因為我太太不但是歐普拉的超級大粉絲，而且簡直就是《麻辣女王》（*Miss Congeniality*）的化身。（她曾經在舒格雷羅賓森少年拳擊賽奪得「麻辣女王」的稱號。）* 一週後她跟我說：「我透過臉書主動跟夏卡聯絡，現在我們已經是臉書上的朋友了。」我回問：「你聽過完整的故事嗎？他犯下謀殺罪，剛蹲完十九年牢出來，這可不是你能在臉書上交的朋友。」她接著說：「可是，他即將到訪我們的城市，所以我邀請他吃晚餐。」我的天啊。

我在距離家裡兩條街外的約翰賓利餐廳（John Bentley's）訂了位子，心想萬一事情有什麼差池，我們還能趕快離開。沒想到，吃完一頓三小時的晚餐後，我還邀請夏卡到家裡繼續聊了五小時。在我交談過的人當中，對於建立文化與經營組織最有見地的人應該非他莫屬。

他曾是監獄幫派的「執行長」，管理一個非常棘手的組織。（他的組織和敵對組織都覺得他們不算幫派，而是宗教組織。所以，我稱他們為小隊。）他不僅塑造出強大的文化，還把小隊改造成截然不同的組織。他展示出我在這本書中想說明的所有技能：他塑造出一套文化，並且認知到組織的缺陷，然後把組織變得更好。

我想引介桑戈爾的故事還有另外一個原因。通常，不幸入獄的人多半來自破碎的文化環境，例如他們可能被父母拋棄、毆打，或是遭到朋友出賣；而且，他們也不能仰賴一般社會中的基本觀念，好比信守承諾。監獄是最難進行文化測試的地方，因為你必須很早就開始，而且要從最基本的「第一性原理」（first principles）做起。†

---

*《麻辣女王》的女主角是聯邦調查局探員，性格剛正不阿。舒格雷羅賓森少年拳擊賽（Sugar Ray Robinson Youth Contest）是以美國拳王舒格．雷．羅賓森（Sugar Ray Robinson）為名的拳擊賽事。

†指從最基礎的地方做起。「第一性原理」是從基本物理學出發，不以任何假設或經驗做推論，只看事物的本質。伊隆．馬斯克曾經在採訪中說明，創辦特斯拉時，他採用的就是第一性原理的思維：當人們都說電池很貴，他反而回歸根本，從原料開始研究，只要找到價格低廉的原物料和可行的方法，就能做出大眾意想不到的便宜電池。

文化定位

桑戈爾本名詹姆斯・懷特（James White），他在我們一般人上大學的年紀鋃鐺入獄。大學文化引介我們多數人參加兄弟會派對，而監獄文化則讓懷特暴露在極端的暴力和恐嚇當中。他告訴我，入獄時，他相信那裡會是往後永遠的家。

十九歲入獄時，我得知得服刑很長一段時間，根本難以想像二十年後的光景，我感覺一切永遠不會結束。唯一能確定的是，我的刑期還有四十年。一想到要到六十歲才出獄，感覺真荒謬。

一開始我在郡監獄服刑，一進去就遇到狀況。首先，獄中那些傢伙想確定他們在街頭是否跟你有過節；其次，他們想搞清楚你有沒有利用價值。每一個階級都有老大或一夥人負責管理；牢房外有個小區域叫日間房，裡面有廁所衛生紙、淋浴設備和一些交誼桌。階級老大就坐在桌上，像獅子在尋找獵物一般。老大通常都比副手和小弟顯得更冷靜，如果他是一隻獅子，小弟就像一群跟班的鬣狗。

老大問我：「你從哪裡來的？」想藉此掂量我的分量，而不只是單純提問題。我回答「布萊特莫」（Brightmo）而不是「布萊特莫爾」（Brightmoor），因為省略捲舌尾音是當地人發音的方式，這立刻增加我的可信度；布萊特莫爾是底特律市內一個社區的名稱。如果我說來自郊區，肯定會被認為是弱咖。他的第二個問題是：「你為什麼進來？」我回答：「謀殺罪。」這聽起來顯然比性侵等罪行更威風，而且性侵罪可能會讓我在獄中變成被欺負的目標。

雖然我暫時安全了，但我還是把接下來每件事都看成測試。例如看到幾個人在玩籃球時，如果你說：「下一個換我」，一旁卻有人說他們才是下一個的時候，你就得決定要讓一個混蛋插隊，還是為自己挺身而出打一架。

從街頭到監獄是一套整合的系統，你的個人品牌會如影隨形。在街頭認識你的人覺得你值得尊重嗎？你有愛告密的不良記錄嗎？這是個弱肉強食的環境，如果家人在你的監獄帳戶放了錢，你可能會被搶；此外，你也很可能遭受性攻擊。

這都是入獄第一天得面對的事。人們把它稱為競技場鬥士學校，因為你會在那裡確立地位。

之後懷特轉到州立監獄繼續服刑，並且遇面臨到強化版的新人訓練。

身為剛報到的新人，我們必須隔離兩週，以確保我們沒有任何疾病，或其他無法融入群體的問題。結束隔離那天，我們看到有個傢伙脖子被刺了一刀。在監獄中，囚犯有時會在沒有獄警看守的角落被捅刀，例如樓梯下方死角、只有一位獄警監看三百名囚犯的休閒活動中心，或是通往餐廳或法律圖書室的走道上。當時，我們就在休閒中心看到有人被襲擊，行兇的人顯得鎮定又若無其事，完事後隨手丟掉刀子，泰然的走向餐廳。

大家都被眼前這一幕嚇到，還記得我當時想：「我們到底他媽的在哪裡？」其他人的想法也差不多。這就是監獄裡可能發生的極端下場，於是我問自己，如果跟人發生衝突，我能捅他一刀，然後繼續往前走嗎？我從沒拿刀捅過人；雖然我對人開過槍，但那是街頭衝突發生時的臨場反應，和預謀的行為完全不同。我必須思考：「如果現在要去捅某人一刀，這刀該刺在哪個部位？我只是想嚇唬他、讓他受傷好逼他滾出我的地盤？還是我應該殺掉他？」在監獄裡，你拿刀刺人可能有各種不同的目的。

你得冷酷無情才下得了手，但我還沒有到那個地步。所以我得問自己，如果事關生存，我能痛下毒手嗎？直到你面對讓你害怕或刺激你變勇敢的事情之前，你都無法知道自己在監獄中算老幾。有一些我原本認為算是硬漢的人，還真的被這起行刺事件影響，但我知道我沒有；我從來不會主動挑起衝突，但我的確在爭鬥的環境中長大，而且還很擅長打鬥。跟人起衝突時，我的態度就是：「讓我們把事情解決吧。」我知道如果得面對最糟的狀況，我可以堅定的做出決定，並且活下來。

懷特透過這場暴力教訓進行深刻的反省，並且充分洞悉密西根州的監獄文化。他知道，如果要在獄中成功，他就必須改變，而且他也辦到了。

懷特的竄起

懷特待的監獄一共有五個幫派，包括遜尼派穆斯林（Sunni Muslims）、伊斯蘭民族

（Nation of Islam）、美國摩爾科學神殿（Moorish Science Temple of America）、百分之五的智者（Five Percenters）以及黑色伊斯蘭旭日宮殿（Melanic Islamic Palace of the Rising Sun），通稱黑色素（Melanics）。這些組織控制監獄中的商業活動，不只庇護成員的安危，還提供各種福利品，例如毒品、香煙，以及在廚房工作的朋友準備的雞肉、新鮮牛絞肉等比較好的食材。沒有加入組織的新人注定將成為弱勢。

懷特選擇加入黑色素，這個小隊起源於監獄，組織中心原則相當獨樹一格，皆衍生自黑豹黨（Black Panthers）與麥爾坎・X（Malcolm X）的思想，*包括注重自主權以及透過教育作為黑人崛起的力量。黑色素的立場和伊斯蘭民族（全國性的組織，此為密西根監獄的分部）以及奉行《古蘭經》經訓的遜尼派穆斯林對比鮮明。（此外，密西根州多數監獄幫派都以宗教敬拜的名義組成，有別於加州等地，多半是街頭幫派在監獄另設分部管理獄中成員。）黑色素大約只有兩百位成員，組織規模相對小很多，以招募硬漢和紀律嚴明著稱。不過，懷特很快就發現，這個幫派並沒有落實組織規範：

> 監獄裡有許多頗具魅力的傢伙，或是偉大的演說家，總是憑著個人魅力使喚手下做

各種麻煩事，但是在他們的魅力之下其實沒有什麼內涵。

我們的領導人雖然有魅力，卻是個雙面人。舉例來說，組織裡有個傢伙叫做T先生，總是有人幫他匯錢進來。大家都知道這件事，也曉得他因為不知道自己是黑人還是混血兒，常常缺乏安全感，所以其他成員就操控他，還偷他的錢。當你不確定自己的身分時，會顯得脆弱、易受攻擊。我是覺得，我們不應該再這麼做，因為這明顯違反幫規。但是，那些領導人卻不願意改變，只為了繼續從這傢伙身上獲利。於是，我開口表明：「在這個組織裡，大家要不就聽你的，要不就聽我的。」年輕的成員想跟著我，因為他們希望做對的事，而且我也有本領用領導階層定下的

---

* 黑豹黨是美國非裔民族主義組織，力求促進美國黑人的民權。麥爾坎・X是與馬丁・路德・金恩博士（Martin Luther King Jr.）同世代的美國黑人民權運動領袖。麥爾坎本姓利托（Little），二十一歲時因竊盜案入獄，在獄中受到伊斯蘭民族（美國黑人政治暨宗教組織，奉行伊斯蘭教義）感召而成為穆斯林，並改姓「X」，代表不得而知、失落的文化根源。麥爾坎主張黑人至上，力求推翻白人政府，常批評金恩博士的策略過於溫和，雙方互不相讓。不過，麥爾坎經過一趟麥加朝聖之旅後想法轉變，與伊斯蘭民族分道揚鑣，主動聯絡金恩博士表明聯手合作的意願。然而，不久後他就遭到非裔伊斯蘭極端分子暗殺，享年三十九歲。

道德規範來挑戰他們。

在黑色素裡，你不可能直接發動政變、用暴力推翻領導人，因為我們的幫規強調，絕不允許侵犯其他成員的身體。因此我必須先從心理上改變大家，才有可能接管組織。我在會議上參考蘇格拉底的做法，拋出問題給大家思考，例如我問：「如果領導人不遵守自己下的指令，還算是個領導嗎？」於是，幫派成員開始了解到，我們必須改變，所以他們遵循我的想法，言出必行。隨著我升遷至管理階層頂端時，老一輩的領導人已經逐漸退位，轉為擔任執行顧問；他們還是享有特權，只是已經不再直接掌控組織。

懷特開始意識到，即使嚴格遵守黑色素的幫規，他還是不滿足。

一開始，我是在閱讀麥爾坎・X的自傳時，意識到自己可以成為不同的人。我看到改變的可能，但同時也得應付我所處的環境。我一邊聽著麥爾坎告訴我：「你可以變得更好」，另一邊卻聽到獄友大罵：「媽的，這個混帳東西，他早該在期限之內支付三塊錢。」於是，我成了一個老練的惡棍，這兩種聲音的衝突，迫使我發展出一套更講究、更傾向外交手腕的方式來解決衝突。我還是能讓大家感受到暴力威脅的存在，但也暗示我們無須剝奪男子氣概，同樣能解決問題。

這時我開始意識到，我所有的江湖背景都充滿負能量與惡意，因此我改名為詹姆斯・X（James X），大家就開始暱稱我為傑・X（Jay X）。後來，我開始研究非洲後，又改名為夏卡・桑戈爾；這個新名字取自祖魯族的偉大戰士夏卡（Shaka），以及塞內加爾詩人暨文化理論家利奧波德・桑戈爾（Léopold Senghor），他後來成為塞國第一任總統。

有權必有責。我花費很長一段時間才了解，我們所有的行為不只會影響我和小隊，也影響到整個監獄環境。當一名成員離開時，他會把文化帶著走。首先，我得認識到另一種生活方式，接著我得熟悉那些技巧，最後決定我想過怎樣的生活。我花了九年才搞懂這三個步驟的過程，不過，其實我算是很幸運，只花費這些時間就能理解。而且，因為我在組織中享有的地位，再加上沒有其他人打算挑戰我，所以我才沒有退縮。

黑色素的幫規很複雜，但是基本原則是每個人都得為其他成員負責。如果有外人攻擊成員，整個組織都會起而反抗，這表示攻擊者不論待在哪座監獄都不安全了。當值得信賴的兄弟有需要時，你必須對他伸出援手，共同承擔衝突和仇恨。如果有成員被視為不值得信賴，一定是因為他沒有幫助其他成員，因此他也會失去保護。

桑戈爾著重落實下列行為準則：絕不占組織成員的便宜；絕不侵犯成員；最基本的原則是，己所不欲，勿施於人。

接著他開始把這些原則植入小隊：

你要面對一群幾乎沒有讀寫能力的人，他們死記規範卻不求甚解。正因為他們不了解規範，自然無法落實規範。

為了建立文化，我們每週舉辦一到兩次讀書會。我身兼教育主任，常會發放文獻給大家閱讀，例如納因・阿卡巴爾（Na'im Akbar）的《黑人的遠見》（*Visions for Black Men*）、麥爾坎的自傳、詹姆斯・艾倫（James Allen）的《我的人生思考1：意念的力量》（*As a Man Thinketh*），或是拿破崙・希爾（Napoleon Hill）的《思考致富》（*Think and Grow Rich*）。我編寫學習指南，把這些書歸納出幾項基本要點，並規定成員必須閱讀。加入黑色素兩年後，我成為組織的文化領袖，也就是真正的領導人。年輕成員和我的關係非常緊密，因為每個人都渴求值得相信的事物。

如果你不尊重文化，沒人會他媽的相信你。這些原則就是我的信念，我不只相信、也願意守護那些原則，這能把文化提升到更好的境地。

桑戈爾向我解釋讓文化原則得以普及、發揮作用的機制：

假設我們這夥人包括你、我和卡圖。卡圖搶走某個混蛋的錢，對方放話要和朋友教訓卡圖。現在我們面臨矛盾衝突，因為組織規定不准任何人動成員一根汗毛，但卡圖違反幫規在先，成員不能做出蠢事傷害組織。因此我們有責任保護卡圖，也有責任保護組織，此外還有對外的責任，必須跟被搶的傢伙交涉。

無能的領導人會說，我們就找幾個好鬥死忠的成員去好好修理那些傢伙，然後再對內處理自己人。我剛加入黑色素時，這就是我們的組織文化。但是，這麼做反而讓對方占有優勢，能站在道德制高點指控我們先放任成員瞎搞。於是我改變處理方式，讓卡圖知道他得面臨什麼後果，而不是找被搶錢的人算帳，而且我會要求卡圖向對方道歉、支付賠償金。

如果你用這種方式與外界交涉，組織成員就會把它當作典範。反之，你對待外人的方式最後會傳回你的組織。

監獄文化的轉折點

桑戈爾推動黑色素嚴守組織規範，但這些信條大多承襲舊規，有一次與伊斯蘭民族發生衝突後，他開始重新考慮一切現狀。

要在密西根監獄體系組織團隊，主要有兩大派的做法。在傑克森州立監獄盛行的那一套由老傢伙負責運作；在密西根感化院採取的這一套，則是由我們負責運作。在傑克森的老傢伙有辦法弄到成癮性毒品，他們先提供毒品讓人上癮，再控制成癮者幹掉敵人。他們的權力是來自於豢養眾多殺手。

我們的成員不碰海洛因，所以我不會考慮以毒癮作為基礎的運作模式，而且在任何情況下，我都不打算採取那種方式。那種以付錢和操控為根本的模式只會削弱組織，成員根本沒有進入戰備狀態，因為一旦事情變得棘手，成員完全不具備兩項必要條件，也就是忠誠和奉獻。

我以歸屬感和忠誠為基礎，在黑色素建立起運作系統。我們從篩選成員開始，我有兩項非常清楚的要求：不論我們有什麼要求，你都得甘願服從，甚至不惜為此服無期徒刑或是賠上性命。

一旦獲准加入，為了留在組織裡，你就必須遵守規則。例如，不能講黑鬼這類詞彙或褻瀆的語句；抽菸時不能戴著會員徽章；不能被獄警逮到抽大麻或喝監獄裡的酒，因為這會讓我們顯得缺乏智慧與自制力；也不能做任何被視為軟弱或不尊敬的事；鞋子必須保持乾淨，監獄工作服必須整潔並且熨燙平整；此外，每天都必須健身，跟我們一起在餐廳吃飯。我重視紀律和緊密關係。

我們幫派的規模通常還不到對手的一半，但是當打鬥開始時，我們組織全員都已經準備好、隨時可以上場，而對方則有八成的人可能會背棄幫派，所以沒有人想跟我們作對。

但是，當成員告訴我有個叫史東尼（Stoney）的傢伙要來我們監獄時，我們幫派的原則面臨嚴峻的考驗。這個人有家暴前科，是個會打女人的大爛人，有位成員的女兒就是被他打死。基於忠誠的原則考量，我們別無選擇只能讓他付出代價。如果我們不保護成員、為他的女兒的死復仇，那麼我們整個組織的做法都會建立在空洞的承諾之上。

史東尼入獄後馬上開始參加伊斯蘭民族的禮拜儀式，新進囚犯通常會這麼做以獲得保護。因為伊斯蘭民族不只在這座監獄勢力強大，它在全國的監獄體系都能提供最安全的保障。

我和伊斯蘭民族領導人「金融家」（Money Man）會面，向他解釋我別無選擇，只能除掉史東尼，出於尊重，我希望由他把那傢伙交給我。金融家對我的要求認真以對，但是他回答：「好吧，你可以把人帶走，但你有個成員殺掉我手下的表兄弟，我要你用那個人交換。」

拿我們的人當人質交換可是違反忠誠原則，因此我回答他：「我們的人已經是組織成員，而我要求的這位只是你們的客人、並非成員，我可不願意做這樣的交換。」

我們持續長達三週的交涉，但狀況仍然毫無進展，我必須做出決定，不是冒著與伊斯蘭民族開戰的風險除掉史東尼，就是不理會這件事並且承擔破壞整個組織文化的風險。

我最終選擇前者，並且交代兩位最忠誠的成員，告訴他們必須完成哪些事情。他們都是無期徒刑囚犯，無法出獄，因此毫無猶豫的完成任務。之後我們就等待結果。

結果，對方始終沒有任何反應。我們的文化很強大，以至於伊斯蘭民族也不想為了外來者跟我們交戰。有了組織實力作為後盾，我們的原則最後也獲得金融家的支持。

我的決定不僅讓組織更加團結，也鞏固我沒想到的文化層面。我們真是他媽的野蠻人。

桑戈爾不只研究文化並加以吸收，還在升任為管理階層時，細心改善組織文化。他晉升為幫派最高領導人之後，馬上面臨一連串新選擇，這些選擇促成深遠的影響。他所做的各種危及性命的決定，以及一連串實踐正直原則的時刻，長久累積下來卻變成一套他不想要的文化。

文化就是這麼奇怪。它是行動而非信念塑造成的結果，而且通常不會按照你的預期發展。所以，你不能光靠一番努力後就一勞永逸，你必須不斷檢視並重新塑造它，否則它就無法成為你的文化。桑戈爾終於開始面對這個經典的難題。

我當時只專注在嚴守組織內的幫規，從來沒有思考過寬恕或是其他做法，也沒有想到我們大部分的作為會對某些家庭帶來怎樣的傷害。

一九九五年，我第一次意識到事情可以有所不同。當時，路易斯・法拉罕

（Louis Farrakhan）領導伊斯蘭民族舉辦「百萬大遊行」（Million Man March）。遊行開始前，監獄當局擔心會發生暴動而陷入恐慌，開始對囚犯過度搜查，我的幫裡則是有人提出一些倉促又不成熟的想法。

弟兄們來找我，「拚命郎」（Hustle Man）說：「我和莫奇（Merch）打算拿刀刺殺幾個白人以響應百萬大遊行。」我心想，這根本是最愚蠢的垃圾做法，我們也不是會幹這種事的組織。愛護自己人未必要憎恨他人。於是我告訴拚命郎：「既然你那麼想大幹一場，要不要拿刀去刺個白人警察？」他馬上愣住，我則繼續說：「如果你沒有要這麼做，就不要告訴我你要持刀攻擊獄中其他人，他們也受到壓迫與監禁，我們都在經歷一模一樣的爛事。」顯然，他只是想隨意拿刀傷人，並不想鬧大。反問他之前，我早就知道了。

不進化，就無法前進

桑戈爾意識到自己的影響力後，便開始致力改變文化：

有一個事件徹底改變我心中那一把尺。有個美式足球員在底特律發生車禍，一位年輕小姐撞上他的車，當他跳出車外時，這位小姐以為自己要被攻擊，於是嚇得跳橋閃躲因而溺斃。這起意外成為全國大新聞，當那位球員被送往監獄時，組織裡的成員都在說：「我們要讓這小子挨刀，報復他對這位姐妹的所作所為。」

我卻想，有些人的家人可能也想這麼對付我們吧。所以，我把成員叫到外面的操場，召開一場神經緊繃的會議。

我說：「首先，我根本不認識這個傢伙，但任何人都不准動他一根寒毛。」我在成員之間穿梭走動以解釋原因，然後我對第一個人問：「你為什麼入獄？」他說：「殺人未遂。」我接著說：「不論你想殺的人是誰，他們的家人可能也想報復、傷害你。」我轉向下一個成員，他回答：「攻擊和蓄意謀殺。」我接著問他，對方家人會作何感想。我繼續問他們，直到他們拋棄這些愚蠢的念頭，並且了解我們都做過糟糕的決定，但是我們很幸運，沒有人因為我們做的糟糕決定，認定我們就該被捅刀。我用這個方式讓他們了解，冤冤相報會造成什麼樣的後果，以及兩件錯誤的事合在一起也不會變成正確的事。

這個事件改變桑戈爾，也改變他的組織。身為領導人，直到你必須面對明確的選擇以前，都還可以抱著模稜兩可的道德心態隨波逐流。然後，你要是不進化，就只能把自己困在道德敗壞中。

桑戈爾利用這個事件作為催化劑來改進組織：

當我選擇用監獄那一套做法，而不是憑藉自己發展出來的原則來解決衝突時，徹底體認到自己的虛偽。我開始理解，要改變組織、讓它符合自己的道德準則，必須經過幾個不同的階段。

改變需要時間，所以我規定成員必須一起用餐，不論我們是吃特別的拉麵餐、無須冷藏的發酵香腸、乳酪、新鮮牛絞肉還是雞肉。午餐時，我們會討論我要分發給大家的書。最後，成員之間的情感聯繫，以及每個人都體驗到受到照顧的感覺，創造出完全的轉變。

我想要改變文化，這樣等我們重返社會時，才能幫助其他孩子解決問題。我看得出我們都來自同樣破碎、一團亂的環境，舉個例子比擬，想像你是建商，有人對你說：「這裡有片土地，還有一百萬元。你能幫我在這片土地上蓋間房子嗎？」於是你幫他建成一棟夢幻房屋，他搬入新屋後，家人卻開始生病。因為他們沒告訴你，那片土地有毒，而且原本是座該死的垃圾場。

目前的監獄矯正系統不過是做盡表面功夫的狗屎。監獄裡有個「停止／思考／實踐」計畫（Stop Think Practice），簡稱ＳＴＰ，它的理論是：你快要惹上麻煩時，先停下來思考，就可以表現得更好。嗯哼，我還上過心理治療課，但是這堂課從來沒有進入實踐階段，更別提幫我面對我媽曾經幾乎要活活掐死我這件事。有一次上課時，指導員對我說：「你大概永遠無法離開這裡了。」這怎麼會是心理治療？他們只不過是試著在垃圾場建造一個夢想的家，根本沒有人深入挖掘垃圾場。

所以，我運用幫派的地位開設每日課程。例如，在「真男人，真談話」這堂課中，我們深入探索情緒智商。我開的每堂課都爆滿，大家終於可以深入探討自己那些狗屁倒灶的過去。那時我受歡迎的程度可不一般，當我出現在某個公共設施時，管理人員會這麼問我：「嘿，你能幫我們開設一些講授同理心和創傷處理的研討會嗎？」現在，之前曾經把我妖魔化的管理單位變得十分信賴我。

我已經竭盡所能成為獄中的野蠻人，大家也知道我沒有從中獲益，而且只是想幫助他們成為更好的人。現在，我看到那些回到家中的獄友不只從經驗中受益，還循正途生活過得很好，我感覺好多了。

桑戈爾意識到必須做出重大改變時，就知道必須把團隊調整得更加緊密連結。他採用改變文化時最有效的一種手段，也就是持續保持聯繫。他要求團隊一起吃飯、一起健身、一起學習，好讓大家意識到他正在進行的文化改革。如果要凸顯某項議題的重要性，最有效的方法莫過於每天聚會討論議題了。

過去的殺人犯，現在的大學講師

如今，桑戈爾已經出獄超過十年，不只成為暢銷作家，也是我們社會真正的領導人。他說：

我知道出獄後我有責任和年輕人談一談。我回首以往的生活時才明白，我原本可以成為任何我想成為的人，我本來可以成為醫生；我本來可以成為律師。但是，我怎麼會從一個潛力十足的孩子，變成該死的惡棍囚犯？我想靠我的能力走自己的路，最後卻任由街頭文化決定我是誰。

夏卡・桑戈爾是誰？他是個無情的罪犯和監獄角頭老大，還是暢銷書作家、監獄改革的領導人，以及致力打造更好的社會的奉獻者？顯然，他有能力同時具備兩種身分，這就是文化的力量。如果你想改變現在的自己，就必須從改變你身處的文化開始。對這個世界來說，幸好他做到了。他的行為，決定他是誰。

第 5 章

桑戈爾式的企業文化

大老爹揍扁蠢蛋、痛打蠢蛋
黑 X 抓狂了，因為我知道金錢統治一切

——聲名狼藉先生

文化是一套抽象的原則，組織內部人員的具體決策將決定文化會留存還是消逝。對領導人來說，理論與實踐之間的差距帶來巨大的挑戰。當你不在場監督時，如何讓組織成員遵守規矩？如何知道你規定的行為舉止能不能塑造你想要的文化？你怎麼分辨實際上發生什麼事？又怎麼知道自己有沒有成功？

桑戈爾的親身經歷可以提供領導人兩條教訓：

一、你對企業文化的看法根本無足輕重。因為你或管理團隊對企業文化的看法，通常跟員工的經驗不符。夏卡・桑戈爾結束隔離監禁後第一天的遭遇徹底改變了他。最有關聯的問題是，員工要怎麼做才能留在組織中，並且取得成功？哪些行為會使他們被接納或排除在權力基礎之外？哪些條件能讓他們取得領先？

二、你必須從第一性原理開始塑造文化。每一個企業生態系統都有默認的文化（例如，在矽谷，我們內建的文化元素包括休閒的穿著、員工持股與超長工時等），但是請不要盲目採納這些文化。

●因為也許你採用的是一套你不了解由來的組織原則。例如，英特爾建立休閒服的著裝標準，就是為了促進用人唯賢的精英管理制度。因為公司領導人認為，應該讓最好的點子勝出，而不是由穿著最昂貴套裝的大老闆做決定。現在矽谷許多公司完全不知道這段歷史，只採納休閒服的規定，卻沒有引入菁英管理制度。

- 因為主流文化也許並不適合你的企業。英特爾會這麼做，是因為在決策過程中，資深工程師和高階經理人一樣重要。如果你從事速食業，英特爾的文化可能就不適合你。

接下來讓我們進一步探討細節。

文化會改變人

桑戈爾進入專為矯正犯罪行為所設計的文化，但是實際上這套文化卻助長犯罪行為。你不得不問，為什麼我們的監獄系統把文化設計成這副德性。負責管理監獄的人到底是否了解文化以及文化的作用呢？

如果你是領導人，該怎麼知道你的文化是什麼？這個問題說來容易，實行起來卻很難。

所有領導人聽到「我們的文化非常苛刻」或「我們傲慢自大」等回饋時都會感到驚訝，但是當他們試著直接檢視企業文化想要找出問題時，又會落入海森堡測不準原理（Heisenberg Uncertainty Principle）。如果你試著衡量文化，你的行為將會改變結果。當你問經理：「我們有怎麼樣的企業文化？」他們可能會根據他們認為你想聽到的回答，給你一個「經過整理」的答案，絕對不會提及他們認為你不會想聽到的任何答案。所以他們才會被稱為「經理」。

要了解企業文化，最有效的方式不是讓管理階層告訴你，而是要觀察新進員工的行為；這些新人察覺到哪些行為有助於適應環境？如何才能在這裡生存？以及要怎麼做才能取得成功？這就是你的企業文化。請跳過主管，直接跟剛到職一週的新員工面談，詢問他們之前提到的那幾個問題。而且，你不只要問好的方面，更要問比較不好的方面，像是公司哪些政策和做法會讓他們警戒或感到不舒服，還有這裡與他們待過的前幾家公司有什麼差異。此外，也要詢問他們的建議，例如：「根據你到職後這一週的經驗，如果你是我，打算怎麼改善我們的文化？你會試著改善哪些事？」

桑戈爾告訴我抵達郡監獄和後來移監州立監獄後發生的事，雖然這些故事距今已將近三十年，但是他記憶猶新、歷歷在目。你加入某個組織的第一天和第一週正是觀察每處細節、搞清楚立場的時候。你對文化的感受也是在這個時候成形，尤其是你親眼目睹有人脖子被刺傷的時候。

此時，正是你診斷權力結構的好時機：誰能把事情做好，為什麼？他們做了哪些事才能得到那個地位？你能夠如法炮製嗎？同時，你剛到新環境時如何表現（也就是其他人如何看待你），也會影響你在公司的地位和發展潛力，並且決定你的個人品牌。

人們對文化的第一印象很難扭轉，所以企業最好把新人訓練視為新人文化訓練。文化訓練能讓你有機會清楚說明你想要的文化，以及你準備如何塑造成你想要的文化。哪些行為會得到獎勵？哪些行為會遭到制止、甚至是嚴厲的懲罰？新人剛到職時對文化的接受程度，以及對文化的第一印象形成的持久影響，都說明新人時期最重要，必須把他們導上正軌。如果貴公司能將招聘、面試、培訓、訓練，以及讓新進員工融入企業的各個環節整合起來，精心設計成一套系統，這是非常好的做法。然而，如果其中任何一個環節只有偶爾才會執行，你的企業文化自然也只有偶爾才會發揮作用。

許多人認為文化因素單純只是一套機械性的系統，員工只有待在辦公室時，才會照著企業文化的指示行事。

實際上，辦公室是人們清醒時花最多時間的地方，他們在辦公室的行為將會決定他們是誰。辦公室文化具有強大的感染力，如果執行長與員工有不道德的男女關係，整間公司就會有很多人起而效尤；如果辦公室說髒話的風氣很盛行，多數員工也會把這種行為帶回家裡。

因此，嘗試篩選出「好人」或淘汰「壞人」，不一定能為你的企業帶來高度忠誠的文化。因為，就算有一位很正直的員工進入公司，他或許必須做出某些妥協，才能在這個環境成功生存。就像法屬聖多明哥的非洲人不幸成為奴隸文化的產物，但是受到盧維杜爾的領導後，又能轉變成為精英士兵。人們會將賴以生存的文化內化，並且盡其所能求得生存與繁榮。

嚴守規範，否則地位不保

在桑戈爾接任之前，幫派領導人並沒有嚴格遵守自己定下的規矩，最後導致地位不保。領導人必須信守自己的規範，如果帶入自己都不贊同的文化因素，最終將會導致文化崩潰。

舉例來說，我從沒見過不重視回饋意見價值的執行長。每個人都想要處在透明的文化，好了解自己的立足點。但是，我也遇過許多執行長只要求經理撰寫績效評估，自己卻完全不願意花時間執行。

我之前擔任公司執行長時，規定所有人（包括我在內）必須為部屬進行績效評估，否則你的部屬就別想加薪、分紅或增加配股比例。所有同事都百分之百遵守書面回饋的規定，因為沒有一個主管想被部屬「凌遲處死」。在回饋意見上也要保持一致的文化規範，對我來說就是這麼重要。

你也可以爭辯說，我定下規則是為了保護自己，畢竟久而久之，虛偽的領導人很容易會被言而有信的領導人取代。身為領導人，你必須相信自己的原則，但這樣還是不夠。你必須效法桑戈爾，採用有效、可以長存的方法把這些原則傳授給團隊成員。根據團隊成員的起始點不同，傳授的過程也許只需要一點點的努力，但是有時候也可能得面對艱難的挑戰。但是這個過程很重要，它不只能夠建立文化，也能鞏固你的領導地位。

如果你具備足夠的魅力，有時候可能勉強應付過去，把自己的企業文化說成完全不同的一套做法，讓別人至少在短時間內相信你。但是，你無法讓他們表現出你需要的行為，你也無法成為你口中描述的那種人。

文化是如影隨形的行為準則

你也許會認為，你可以建立一套無情、競爭的企業文化，讓員工用來對付外部的力量，與內部同事相處時則把這套文化擱置在一旁。或許你也認為可以建立一套以辱罵為本、以失敗為恥的文化，讓員工在上班時運用，而下班後則棄之不用。但是，事實上這根本不可能，因為文化行為一經吸收就會如影隨形。

請想像你是一個經理人，企業文化重視「互相支持」的價值觀，面臨危急關頭時，同事之間會相互支援。現在，有一個經銷商夥伴正準備完成一大筆交易，並且要求公司裡某位同事幫忙，但這個人忙到把事情搞砸了。他不只沒現身、沒打電話通知，更沒有提供協助。這位合作夥伴氣急敗壞，他認為交易搞砸是因為缺乏支援，因此打電話跟你發洩抱怨。這時候，你要挺員工還是合作夥伴？你是對文化忠誠，還是對集團忠誠？

如果你是對集團忠誠，這個選擇比較偏向本能的驅使。請記住，彼此互相支持就是指面臨危急關頭時，要在全公司強化信任和忠誠。對企業來說，要在內部員工實施一套倫理標準，而在面對外部夥伴時採取另一套做法，幾乎是不可能的任務。如果你選擇支持員工，他將會學到兩項教訓：一、你會支持他；二、把事情搞砸也沒關係。你對待合作夥伴的方式，最後也會成為你的員工對待彼此的方式。

正如桑戈爾所指出，文化會移動。

小心規範變成武器

當桑戈爾的小隊裡有成員想殺掉幾個白人囚犯時，他們是自私的想操控組織的規範。這種做法其實很常見，優步執行長霍斯勞沙希稱這種行為是「把文化變成武器」。桑戈爾的手下試圖將「愛護自己人」與「反抗壓迫」的文化原則變成武器，以提升他們的地位，而且只要選擇容易下手的目標，就能贏得「殺手」的信譽。桑戈爾則是提高目標的困難度，並指出倉促行動會帶來的後果，藉此揭露他們的真實動機。

Slack創辦人暨執行長史都華・巴特菲爾德（Stewart Butterfield）也曾經面臨相似的處境。這家公司的核心文化價值觀是「同理心」，最後卻產生許多意想不到的後果。（雖然武士都了解，美德比價值觀更重要，但是在這個想法廣為流傳以前，許多公司還是會繼續緊抱價值觀。）他們採用的同理心價值觀主要是針對顧客，同時也可以用來改善企業內部的溝通，幫助你更了解同事。如果你是一個工程師，當你真正了解到產品經理的掙扎，以及他們在取得客戶資料的過程中遭遇的困難，你就會抱持著同理心與他們溝通。

但是，當主管提供回饋意見給部屬，告訴他們必須與同儕更有效的合作，或是必須加強整體表現的時候，有些部屬會把同理心的價值觀當作武器，反擊說：「你給我這種回饋，表示你缺乏同理心！」這些員工不但沒有善用同理心來改善溝通，反而想要限制同理心，只因為回饋意見讓他們很受傷。他們的回擊讓一些主管開始猶豫不決，並且拒絕採用回饋機制，擔心自己的回饋意見會變得像是缺乏同理心的批評。

為了改善這種狀況，巴特菲爾德必須明確指出，哪些行為符合企業文化、哪些行為則不是企業文化的一部分。因此，他開始把重點從「同理心」轉移到他想融入核心文化的另一項價值觀「協作」（collaborative）。接著，他定義該如何實踐這項文化價值觀：在Slack，「協作」代表在任何地方都要發揮領導精神；懂得協作的人都知道，他們的成功會受限於不願意協作的人，所以他們會幫助那些人，以追求更好的團隊表現，不然就得擺脫掉那些人。

你得改變自己，才能改變文化

文化往往會反映出領導人的價值觀。桑戈爾最後不得不改變自己，才能發展出他想要的文化。企業領導人也得面臨同樣的挑戰，但是他們往往自認為是「好人」，常常忽略掉自己的缺點，這會導致文化上的危險後果。

擔任響雲端執行長時，我也曾經歷許多這樣的時刻，每一次都覺得好像任選一條路都行得通。有一次，在度過某個營收強勁、但預定收入（Bookings）卻很低的季度後（預訂收入是會計術語，指的是合約已經簽訂，屬於保障合約（guaranteed contract），只是收入尚未列入營收），有幾位同事精心設計出一套做法，讓非保障合約（non-guaranteed contract）得以列入預定收入。基本上，他們就是建議把實際的預定收入和非保障合約，全部都算成同一筆帳。我很希望預定收入數字可以達標，而且同事的提議在技術上也不算撒謊或是違法，所以我能不能矇混過關呢？我傾向嘗試這個做法，也就是說，我願意不照實作帳，只要我能聲稱公司有遵守法律條文，這也表示我們依然誠實坦蕩。

然後，我的法務長喬丹・布雷斯洛（Jordan Breslow）來找我坦承：「本，這些討論讓我感到很不安。」我問：「為什麼要不安呢，喬丹？我們並沒有說謊，而且，如果預定收入沒有達標，負面新聞可能會席捲而來，然後客戶不再信任我們，我們下一季又會再度搞砸，最後落得必須裁員的地步。」他說：「沒錯，雖然我們說的是實話，但是一旦採這種方式表達，反而會讓人們聽到不真實的消息。」我心想：「好吧，糟糕了，他是對的。」

於是，我接著定下一條規則，規定往後公開的營收相關數字必須符合標準會計準則，而且得經由外部公司完成稽核。我必須做出改變，好把企業文化從「說實話」改變為「確定人們能聽到真相」。這個轉變源自於我們原有的文化目標「信任」，正如我在第一章討論盧維杜爾的做法時曾提到，信任是溝通的基礎。只會說一些讓你多少感到自在的「真相」，並不能建立信任；只有傳遞真正的真相讓人們聽進去，才能建立信任。

如果布雷斯洛沒有阻止我，我可能真的會採取另一種做法。當你把文化拿來與眼前的具體結果相互權衡時，文化確實顯得抽象、也不那麼重要。但是，文化是一種策略投資，當你不在場時，文化能幫助企業上下用正確的方式做事。

不斷溝通才能發揮影響力

當桑戈爾決定大刀闊斧改變黑色素時，他透過每天的例行會議，迫切的強調改革的重要。這是改變企業文化最好的一種方法。

最近，我建議國家建造者公司（NationBuilder）執行長莉雅・安德斯（Lea Endres）效仿桑戈爾的做法。這家公司專門為社區領導人製作軟體，但營運處於赤字邊緣。安德斯感到相當沮喪，儘管她一再提醒大家，必須優先考慮現金收入，然而團隊還是不太關心這個問題。下列是我和安德斯的對話：

莉雅：我真的很擔心現金收入。我們是請外包的財務公司服務，而他們根本毫不在乎。我們的現金餘額水位一直很低，上個月還發生意外事件，如果再來幾個意外，我們就會深陷困境。

本：有團隊在處理這個問題嗎？這個月你需要有多少現金收入進帳？

莉雅：有。至少一百一十萬美元

本：如果你遭逢危機，需要一支團隊負責處理，你就得每天和他們開會，必要時甚至一天開兩次會。這樣才能他們知道，這件事是最優先的事項。每次會議一開始你得問：「我的錢在哪裡？」他們可能會搬出藉口，例如「某某人原本應該打電話給我，但他卻沒有打」或者「電腦系統沒有提供正確的訊息」。這些藉口都是關鍵，因為那是你不知道的訊息。如果你聽到的藉口是「弗瑞德沒有回信給我」，你就可以要求弗瑞德回覆那封該死的電子郵件，並且告訴掰出藉口的人，你希望他能夠更加努力追蹤狀況。這些會議剛開始可能會花費很多時間，但是兩週後就會愈來愈短，因為當你問出：「我的錢在哪裡？」他們會想要回答：「就在這裡，莉雅。」

兩週後：

莉雅：你一定不相信那些藉口有多離譜。有人告訴我系統會自動發信通知客戶繳款，但是那封信全文只有一句話「款項遲繳了」，卻沒提示接下來該怎麼做。我只好說：「好吧，那讓我們來解決這些該死的郵件！」我們已經有所進展，現在他們知道我要拿回我的錢。

到了季末：

莉雅：九月分我們收到一百六十萬元了！我的團隊喜歡聽我說：「我的錢在哪裡?!?!」

要改變文化，你不能只是口頭上說你想要什麼，而是必須讓組織成員感受到問題的急迫性。

第 6 章

包容大師成吉思汗

跨世紀的主調來自市內貧民區的憤怒
以我們被貼標籤的方式為根基
面對現實吧，黑人的刑期就是比有錢的白人還要長
他們在機場翻遍我的行李，然後告訴我，這只是隨機檢查

——肯伊·威斯特（Kanye West）《華麗》（*Gorgeous*）

成吉思汗是歷史上最厲害的軍事領導人。經過一連串驚人的戰役，他征服的土地面積足足是其他統治者的兩倍之多。而且他只率領了十萬大軍，就攻下波斯灣到北極海的版圖，占領面積超過一千兩百萬平方英里（約三千一百萬平方公里），相當於一個非洲大陸。

現在大多數公司常常為了創造具有包容性的企業文化而困擾，但是成吉思汗早在近千年前就已經掌握這門艱深的藝術。在他統治的廣大疆域裡，有中國人、波斯人和歐洲人，信仰廣納伊斯蘭教、佛教、基督教，甚至還有食人主義。他所打下的帝國有堅固的基礎，在他死後仍繼續擴張，屹立一百五十年。

這個叫做「鐵木真」的男孩，在荒原中一個被放逐的遊牧部族中長大。他幼時膽子特別小，看到狗就嚇得縮起來，遇到一點挑釁就嚎哭。像他這樣的人如何建立如此豐功偉業？是什麼樣的文化創新造就他的成功？

一一六二年，鐵木真誕生在現代蒙古與西伯利亞邊境，這是一塊嚴酷的不毛之地。根據官方史書《蒙古祕史》記載，鐵木真從娘胎出來時，手裡握著一塊很大的血塊，預言他將成為征服者，而且流血衝突和預言日後都應驗了。

鐵木真在名為「乞顏」的小部族長大。乞顏部是蒙古十三個氏族中，最主要的兩大氏族之一。他的父親也速該是部族的中階領導人，靠著半路搶親，把鐵木真的母親訶額侖帶回家當第二任妻子。訶額侖遭搶親那年十五歲，雖然她已經成婚，但是強搶別人妻子的做法在當時屢見不鮮。後來，這對新婚夫婦把他們的第一個兒子取名為鐵木真，紀念遭到也速該俘虜並且處決的他族勇士鐵木真兀格。這段由來雖然不像影集《天才小麻煩》（*Leave it To Beaver*）一樣成為典範，但是對於後來成為「大汗」的鐵木真來說，這還算是相當符合身分的故事。

我們無從知道鐵木真小時候的長相，但是法蘭克・麥克林（Frank McLynn）在《成吉思汗：他的征戰、他的帝國、他的遺澤》（*Genghis Khan: His Conquests, His Empire, His Legacy*）中提及鐵木真成年後的長相人見人畏，他寫道：「身強體健、高挺、寬眉、長鬚、如貓一般的眼睛」，這樣的相貌讓他散發著「穩健、無情、心機而自制」的氣息。鐵木真後來也展現出充滿擄掠的世界觀：

對一個男人來說，所謂的愉悅幸福就是，鎮壓反叛勢力、征服並消滅敵人、奪走他們的財產、讓他們的奴僕大聲哭叫、讓他們痛哭流涕、騎乘他們健步如飛的騸馬、拿他們老婆的肚子與肚臍製作床鋪與寢具、把女眷的身體當作睡衣。

這個就是蒙古作風。鐵木真八、九歲時，父親就帶著他騎馬出門，好幫他物色老婆。他們在鄰近部族尋找時，恰巧在一戶人家家中落腳。這家人的女兒叫做孛兒帖，鐵木真跟她情投意合，兩家人的父親也同意這門親事，於是決定讓鐵木真住在女方家幫忙畜牧，也速該則返回部族籌措聘金，之後再讓他們成親。

三年後，也速該在塔塔兒部族用餐時沒隱藏好身分，食物遭到對方下毒，以報復他殺害族人鐵木真兀格。臨死前，也速該要求鐵木真回家，鐵木真只得拋下孛兒帖一家人，回到只剩兩個寡婦和七個年幼孩童的老家。

看到鐵木真一家人這麼多張嘴嗷嗷待哺，乞顏部不但對他們棄而不顧，還偷走他們的牲口，形同任由他們在荒原中等死。不過，訶額侖憑著堅強的意志撐起全家。他們吃狗肉和鼠肉充飢，身穿狗皮和老鼠皮禦寒。

不過，鐵木真遭到同父異母的長兄別克帖兒一再霸凌，因而惱怒不已。別克帖兒仗著自己升格為家中最年長男性的地位，不但吃掉鐵木真捕的魚，還急著想遵循傳統習俗，跟剛守寡的繼母訶額侖發生關係。於是，鐵木真直截了當的解決問題，夥同弟弟合撒兒拿起弓箭，把別克帖兒射得全身插滿箭羽。年輕人，請務必記取這則故事的教訓：千萬別隨便挑釁弟弟，搞不好他會是另一個成吉思汗。

訶額侖得知消息後氣急敗壞。幾個兒子都沒辦法自我克制，只顧著殘殺兄弟，如何指望他們結盟外力，向遺棄他們的部族報仇？訶額侖訓斥：「你們根本是野狼，像瘋狗一樣殘殺同類。」

為了懲罰鐵木真殘殺兄長，乞顏部把他抓走當作奴隸使喚，極盡折磨之能事。但是鐵木真沒過多久就逃脫，由一戶貧窮人家收留。乞顏部派人搜查時，這家人讓鐵木真躲在羊毛堆裡藏身。陌生人的仁慈與乞顏部富裕同胞的行徑形成強烈對比，讓鐵木真留下深刻的印象。在《成吉思汗：近代世界的創造者》（*Genghis Kahn and the Making of the Modern World*）中，傑克・魏澤福（Jack Weatherford）觀察到，這次的經驗讓鐵木真了解到：「有些人即使來自不同部族，還是能當作家人一般信任。在此之後，他對人的評斷依據主要是看別人如何對待他，而不再只考慮血緣關係。這個想法完全顛覆草原民族社會的傳統思想。」我們接著也會發現，在現今的企業文化裡，以行為作為評斷他人的主要依據的做法，也是相當革命性的概念。

一一七八年，鐵木真十六歲。自從父親死後，他就無緣再見到未婚妻孛兒帖，但是現在他有充分的自信可以去找她了，他也很欣慰孛兒帖一直在等他。依照傳統習俗，新娘進門時要帶禮物給公婆。孛兒帖帶來一件黑貂皮大衣，這是草原民族最珍視的毛皮。鐵木真把大衣轉送給父親的老盟友王汗，希望對方願意結盟。

鐵木真確實迫切需要盟友相挺。因為，訶額侖原屬的蔑兒乞部在耐心等待十八年後，派遣三百人襲擊鐵木真的營地，為了當年訶額侖遭擄雪恥。鐵木真和兄弟騎馬逃過一劫，但蔑兒乞部擄走孛兒帖，把她許配給一個年長男子。

當時，鐵木真部族的實力完全比不上強大的蔑兒乞部。一般來說，多數人碰到鐵木真這樣的遭遇，就會四處尋找其他女人搶婚。而且蒙古男人個性內斂，但鐵木真則公開表達悲痛，說蔑兒乞部的行徑就像是剖開他的胸膛、傷透他的心。鐵木真決定反擊，他去找王汗，對方答應幫忙，並且讓鐵木真去找札達蘭部的後起之秀札木合。札木合和鐵木真是兒時玩伴，幼時一起玩擲距骨的遊戲，*早就是拜把兄弟，所以札木合加入行列。鐵木真得到這些有力的朋友助陣後，隨即準備開戰。

某天晚上，鐵木真的隊伍進攻並且擊潰蔑兒乞部。鐵木真巡遍每一座帳篷尋找孛兒帖，但敵軍已經早一步用馬車將她運離現場，以策安全。根據《蒙古秘史》記載，在兵荒馬亂中，孛兒帖還是認出鐵木真呼喊她名字的聲音，立即跳下馬車，在黑暗中朝聲音來源的方向奔跑。鐵木真找不著人心急如焚，甚至煩惱到孛兒帖跑過來抓住他的坐騎轡繩時，她還差點被他攻擊。書上記載著，鐵木真認出她後，「兩人撲倒在對方身上」。孛兒帖當時已經懷有蔑兒乞男人的孩子，鐵木真後來依然把孩子視為己出，對他來說，血緣關係真的不算什麼。

儘管得到拜把兄弟札木合的協助才能救出妻子，鐵木真已經開始和他發生衝突，其中最關鍵的起因還是氏族階級制度。蒙古的親屬階級以氏族劃分，跟領導人血緣最親近

*「擲距骨」是歷史悠久且分布廣泛的一種兒童遊戲，使用牛、羊、豬、鹿等動物的後脛距骨作為玩具，玩法多元，可擲可彈。從歐亞草原、近東到東歐一帶都有發現這類玩具的出土文物。

的氏族身分最尊貴，被稱為白骨頭，血緣關係比較遠的氏族則稱為黑骨頭。只要鐵木真繼續跟著札木合的部族，永遠都屬於黑骨頭氏族。因此，唯有建立自己的部族，鐵木真一家人才會晉升為白骨頭。

鐵木真連同父異母的兄長都敢殺害、不願意屈服在兄長之下，當然也不打算向札木合低頭。一一八三年，鐵木真與札木合的部族分裂。歷經二十年鏖戰，期間還有幾次停火協議和宣誓忠誠，鐵木真總算擊敗札木合。在這段期間，他也掃蕩擺平其他獨立部族，現在他已經真正成為所有蒙古氏族的領導人。

一二〇六年，蒙古貴族齊聚一堂，請求鐵木真成為他們的最高領導人。鐵木真開出條件，要求每一個蒙古人都必須聽命於他、不得有異議；不論他命令他們去哪裡，都必須去；他要誰死，那個人就活不了。現在，他統治三十一支部族，約兩百萬蒙古人民。人們稱他為「成吉思汗」，意思是「兇猛」或「強硬」的統治者。

長久以來，蒙古人因為內部征戰，一直處於分裂狀態。部落或氏族為了擊敗共同敵人而結盟合作，隨後又分道揚鑣互相攻伐。這座大草原上，上自貴族下至盜匪都認為，成吉思汗應該統御所有人。成吉思汗明白，他手下這些各自占地為王的軍隊都需要一個共同目標。不過，這個共同目標應該滿足士兵原始的欲望，而不是貴族追求的偉大夢想。就像麥克林在《成吉思汗》中所說，成吉思汗深信他可以用「迅速增加的大量戰利品」來打動他們。而且，實際上，戰利品也是他們唯一的報酬。

目標是讓士兵效忠於可汗，而非氏族或部落，而且只要報酬夠豐厚，就可以鞏固他們的忠誠……為了讓他的超級帝國延續下去，成吉思汗必須讓財富不斷的流入帝國內，所以他得不斷的四處征戰。承平時期太長，會促使帝國中這些失望但有權勢的管理階層開始各自為政、自私自利，最終走向窩裡反的後果。

成吉思汗統一蒙古所有部族後，出軍征服中國北方。接下來，他往西出征打下波斯帝國花剌子模（Khwarezmia）。最後，在他死前（很有可能是因為落馬受傷才會死）的一二二七年，俄羅斯也臣服於成吉思汗。

成吉思汗的征戰殘忍無情。蒙古將軍總是告訴敵方，如果他們投降，他會放他們一馬。然而，一旦對手相信照做，隨即會被殺得精光。他們攻下花剌子模首都玉龍傑赤後，把城裡的女人剝得精光，讓她們相互打鬥，隨後再屠戮殆盡。成吉思汗攻下諸多城市後，不但殺光所有人，就連貓、狗、老鼠也不放過。不過，唯一能夠逃過一劫的是工匠，而他們會被送回蒙古。在阿拉伯地區，只要是曾經受到成吉思汗屠戮的地方，大家都稱他為「那個該死的人」。

殘暴歸殘暴，成吉思汗卻展現出一種全新型態的接納與包容概念。

文化如何影響軍事策略？

成吉思汗全面實施用人唯才的菁英策略，因此他的軍隊跟前人完全不同，變得更加強大。

當時，大多數軍隊都只有指揮者騎馬行動，其他人都是移動速度緩慢的步兵；還有大量後勤單位，專門負責補給工作。但是，成吉思汗的軍隊完全由騎兵組成，各單位行動力相當、機動迅速；而且，每個人都隨身攜帶自己需要的裝備與用具，包括可以應付所有天候的戰鬥服、打火石、盛裝水或牛奶的水壺、打磨箭頭的銼刀、驅趕動物或犯人的套索、修補衣物的針線包，以及切割用的刀具和短斧，全都裝進一只皮革包裡。他們還從自己的牲口上取奶，並且靠著打獵和搶劫養活自己。

傳統的軍事組織階層和階級分明，部隊都朝著同一個方向排成長列移動，並且由大量補給單位壓隊。蒙古軍隊則是採取同心圓的陣式，每支小隊有十人（戶），每千人組成一支大隊（百戶），這是成吉思汗新創的「部落」形態，用以取代蒙古世襲的氏族組織。大隊的上一層是由十支大隊組成的萬人師團（千戶），在蒙古軍的鼎盛時期，成吉思汗會在萬人組成的好幾個師團軍隊包圍下，騎馬在隊伍中央指揮。

這種軍隊結構幫助蒙古人以機動性取得先機，隨後包圍並摧毀敵軍。蒙古軍隊通常可以擊敗比他們規模大五倍的敵軍，而且出兵常不按牌理出牌，甚至會同時開闢兩條進攻戰線。這個策略使得鄰國不敢調兵奧援，以免成為下一次遭到突擊的對象。成吉思汗作戰以迅速推進聞名，蒙古騎兵每天可行軍一百公里，蒙古馬更是像狗一樣矯健靈活；戰術運用上時而箭如雨下、時而輕重騎兵交相進襲，或是假裝撤退再頻繁伏擊；雖然說來不光彩，但是他們極不願意徒手戰鬥。蒙古軍隊就像是游擊隊戰士，只不過擁有軍隊的規模。第一個被蒙古軍多變的攻擊所震懾的是金朝，金朝人說：「他們來時就像天要塌下來一般，走時又像一道閃電。」

隨著軍隊大舉前進，成吉思汗總會確保剛征服的地區所採行的最佳政策做法，都能傳達到他所統治的所有地區。如此一來，整個蒙古帝國才能合為一體、崛起共榮。魏澤福寫道：

> 不論是容納異教的政策、通用文字系統的設計、驛站的維持、娛樂的遊戲，或是印製曆書、鈔票、天文圖等，蒙古帝國都秉持一種概念：要採用一套適用於整個帝國的系統。因為蒙古沒有自己的系統可以施加於征服而來的領地，所以他們更願意容納並統合來自各地的系統。在這些地區當中，蒙古軍沒有特殊的文化偏袒，而是會採用務實、不具意識形態的解決方案。他們會找尋最好的做法，一旦找到，就會同樣落實在其他領地。

成吉思汗創造出一個非常穩定的文化，其中包含三項基礎：「菁英領導」、「忠誠」

以及「包容」。

菁英領導

鐵木真在一一八九年統一蒙古後，開始推行第一次組織創新。當時，多數草原部族的可汗朝廷，都是由皇親國戚所組成。魏澤福這麼描述：

不過，鐵木真卻是根據麾下擁護者的能力與忠誠程度來分配責任，並不考慮這些人跟自己的親屬關係。他甚至把左右手這種高階職位分配給兩位頭號擁護者：博爾朮與者勒蔑，他們在過去十年以來，一直對他忠心耿耿。

以當時的年代而言，蒙古女性的待遇與其他種族相比已經非常優渥，但是成吉思汗仍然進一步廢除世襲的貴族頭銜、取消氏族階級制度，讓所有人都平等。不管是牧羊人還是顧駱駝的男童，人人都有機會當上將軍。鐵木真稱他的人民為「毛氈牆之民」（毛氈是他們用來蓋蒙古包牆面的材料），意思是大家都屬於同一個部族。

為了鞏固這種全新的菁英領導制度，成吉思汗立下規定，即使是他的家人，如果沒有經過選拔程序就坐上可汗或領導人的位置，將視為觸犯叛國罪。他引進「人人都必須遵守法律」的概念，凡事不再以力量決定一切。當時其他統治者都自認凌駕於法律之上，唯獨成吉思汗堅持，就算是身為領導人也跟最低階的放牧者一樣，都要受到法律約束。

然而，唯一不遵循這個原則的人就是成吉思汗自己。他表現最糟的時候就像其他專制暴君一樣，而且甚至進一步弱化菁英領導原則，把大片土地劃分給子女，就因為他們抱怨自己不如一般老百姓。麥克林寫道：「關於『成吉思汗統治下的蒙古是一個法治社會，還是專制的社會？』這個問題，答案只有『兩者皆是。』」

不過，以那個年代的領導人而言，成吉思汗還算是相當務實，而且會身體力行；甚至也稱得上是言行合一。雖然他要大家都服從他，但他從來不把自己神格化。他不准任何人繪畫、雕刻他的肖像，或是在錢幣上刻他的名字或人像。在一封寫給道士的信上，成吉思汗說他不過只是個士兵而已，他寫道：「我沒有任何卓越之處，我還是穿著跟牧牛放馬的人一樣的衣服、吃著跟他們一樣的食物。我們一樣犧牲奉獻，也一起分享財富。」

當成吉思汗把軍隊從世襲階級制度轉變為菁英領導制度時，他也擺脫掉那些懶惰、平庸、空有貴族身分的領導人。部隊的素質因此大幅提升，也激勵士兵的雄心夢想，只要他們能證明自己的勇氣和聰明才智，同樣也能坐上領導人的位置。

忠誠

成吉思汗對忠誠的定義與他那個時代的人截然不同。一般來說，領導人會單方面要求戰士為他們而死，但是成吉思認為忠誠是雙向的關係，領導人必須負擔重責大任。有一回，兩位牧馬人警告他小心一起陰謀，他就提拔他們為將軍。部隊捕獲札木合的一名弓箭手時，這個人本來可能遭到處死，因為他的長程遠射差點打中鐵木真，但是他跟鐵木真解釋，這次行動非關個人，他只是必須執行上面交代的任務。結果鐵木真不但沒處死他，還提拔他成為軍官，最後他成為一位偉大的將軍。

成吉思汗作戰時最重要的目標是要保護蒙古人的性命。他寧願透過恫嚇招降，所以立即投降的城鎮往往就能獲得寬容待遇，而那些反抗城鎮的人民會被他的軍隊拿來當人肉盾牌。（不過，正如前文提及，成吉思汗喜怒無常，他的將軍也會衝動行事，所以蒙古部隊並不一定都遵循這項原則。）蒙古士兵陣亡時，成吉思汗會下令把士兵應該分得的戰利品轉送給他的遺孀和孩子。

成吉思汗的做法在征服者中獨樹一幟。他從未懲罰過手下將軍，這正好說明為什麼在六十年間，從來沒有一位將軍叛逃或背叛他。這套方法後來也被夏卡．桑戈爾採納，要求組織成員對內（軍隊）跟對外都是採用同一套道德準則。因此，當成吉思汗宣布，人們絕對不可以背叛自己的可汗時，他認為全世界的人都得遵守。一二〇五年，成吉思汗終於擊敗札木合後，札木合的手下為了贏得成吉思汗的青睞，把他抓起來交給成吉思汗。結果，成吉思汗非但沒有獎賞這些背叛者，反而把他們處決（如同札木合曾經警告過背叛者會被處決）。後來，他也將札木合處死。

成吉思汗把忠誠提升到另一個更高的標準，創造出龐大的軍事優勢。正因為他不要求部隊為他而死，他們反而爭先恐後為他出生入死。蒙古人說：「大汗如果要我赴湯蹈火，我會甘願為他犧牲。」

包容

成吉思汗大幅改革戰爭規則，他不但沒有給被征服的部族貴族領導人特殊待遇、也不奴役士兵，甚至會處決貴族（免得他們後來又起身反抗），並且將士兵編入他的軍隊。這種方式讓他的隊伍不斷壯大，並且把自己樹立成提供均等機會的雇主形象，讓人想加入他的團隊。

一一九六年，鐵木真擊潰主兒乞部，他請母親訶額侖收養一名主兒乞部男孩，好讓被征服的人民知道，從此他們是同是家人，可以分享往後征戰的成果。鐵木真甚至還開辦宴席，招待主兒乞部跟鐵木真自己的部族成員，以象徵大家都是平等的地位。他也鼓勵部族間通婚，以將原本不同的部族融為一體。

自羅馬以降，大家都會把降伏的士兵納入部隊裡。但是成吉思汗的高明之處在於，他對待這些降伏的士兵非常好，好到他們對成吉思汗忠心耿耿，更勝於對前任領導人的忠誠。

這個情形在一二〇三年時更加明顯，當時鐵木真被之前的的良師益友王汗追捕，他和十九位軍中弟兄敗走，躲在靠近中國北方一塊沼澤地裡。他們喝著班朱尼河（Baljuna River）的水發誓：十九個弟兄一輩子效忠鐵木真，而鐵木真也一輩子對他們忠誠不二。魏澤福寫道：

> 這十九人與鐵木真可汗來自九個不同的部族，恐怕只有鐵木真與親兄弟合撒兒真正出自蒙古部族。其他人來自於蔑兒乞部、契丹、克烈部。這群人當中，鐵木真是虔誠的薩滿教徒，朝拜騰格里與不兒罕合勒敦山；* 其他的十九人中有幾個基督教徒和佛教徒，還有三位穆斯林。讓他們團結一心的是他們對鐵木真的忠誠，還有對鐵木真以及其他弟兄的誓言。在班朱尼河的這段誓言創造一種手足關係，超越血緣、

種族與宗教。現代社會中，基於個人選擇與承諾而形成的市民關係，就很接近這種手足關係。

一二〇九年，具有高度文明的畏兀兒人不戰而降，於是成吉思汗將許多畏兀兒公職人員分發到整個蒙古領地，擔任仲裁官、將軍、書記官、密探，以及稅收人員。麥克林認為這是另一個關鍵時刻，他寫道：

畏兀兒人為蒙古人提供優良的技術、才能與文化素養，他們的文字也被統治階層採納為第一官方語言。這等於是幫助蒙古帝國建立意識形態與精神上的正統性，人們

* 薩滿教是一種原始信仰，屬於巫覡宗教（涉及診斷、治療與致病等超自然能力的傳統信仰），在北亞、中亞、西藏、北歐和北美都可以見到薩滿教的影響。「騰格里」是古代遊牧民族對天的稱呼，對蒙古人來說「蒼天」是信仰中的最高地位，騰格里翻譯成漢語就稱為「長生天」。不兒罕合勒敦山位於蒙古國肯特山脈中，是成吉思汗的出生地，於二〇一五年由聯合國教科文組織（UNESCO）認定為世界遺產。

不能再說蒙古人是一群殘酷嗜血的野蠻人了。

隨著不斷擴張，成吉思汗對於遴選加入軍隊的成員變得更挑剔，他特別注重納入學者、工程師與醫師，讓他們隨著千人大隊行軍移動。

由於成吉思汗任用中國學者管理帝國大為成功，之後他每占領一座城市，都會審問當地學者，並且藉此為空缺的職位尋找適任者。把外國工程師納入軍隊後，他掌握必要的知識，以建立技術最先進的戰鬥部隊，更在戰場上採用投石機與石弩機等武器。

一二二七年成吉思汗死後，蒙古帝國的各代繼承者仍然持續這種跨文化的行事方式，他們的成果也非常璀璨。蒙古工程師把中國的火藥、伊斯蘭世界的火焰噴射器都裝進歐洲的鑄造金屬鐘裡，創造出一個全新的厲害武器：大砲。

成吉思汗將包容性的諸多面向編纂成法律。他取締綁架婦女的行為，而販賣婦女以供他人作妻妾會被視為非法行為（即使蒙古帝國戰士仍繼續強暴戰敗國婦女、納她們為妾）。他還宣布所有孩子都有合法身分，從而消弭非婚生子女以及下賤人種的觀念。他也（或許是史上首例）規定宗教自由，只是被征服的人民必須宣誓效忠成吉思汗、遵守蒙古法律，所以，宣揚反對成吉思汗的牧師與伊斯蘭宗教領導人都被處死。但是只要效忠成吉思汗、遵守蒙古法律的人，都能保有宗教信仰的自由，也可以繼續遵行自己的法律。他是一個實用主義者，而不是狂熱獨裁者。

然而，文化融合的過程中無可避免會產生一些問題。當蒙古人接觸到比他們熟悉的馬奶酒更強的酒精飲料時，許多人都變成醉鬼，成吉思汗跟他的家人也不例外。此外，他允許兒子跟他們的繼承人劃分領地、建立汗國時，這種權力分散的結構也導致成吉思汗死後出現繼承問題。麥克林寫道：

從行政管理的角度來看，成吉思汗做出正確的決定。因為他的帝國幅員廣大，就算是強力的中央集權制度也鞭長莫及。然而，從人性與政治的角度來看，成吉思汗的決定卻是致命錯誤。果不其然，蒙古帝國就是從各個汗國開始分裂，而且，又因為蒙古與其他文化相互融合，導致問題更加惡化。

不過，蒙古帝國健在的時候，還是成就非凡，並且是以文化創新作為建國基礎。正因為成吉思汗成長過程中遭到拋棄、放逐，他從旁目睹當時領導人遭到蒙蔽的因素，不過其實直到現今還有領導人會被類似原因蒙蔽。當這些領導人眼中只能看到異議，或是必須謹慎壓制的威脅時，成吉思汗看見的是可以為他所用的才能。

第 7 章

在現代企業中建立包容文化

即使人在家中，我也會把每條金鍊子都戴上
因為我們出身社會底層，而現在能有此成就

—— 德瑞克（Drake）

打從成吉思汗掌握包容的文化原則以來，時代已經改變許多。包容性是不是能幫助你征服已知世界的文化工具？我們在此探索試圖創造一個包容性文化的潛在力量，以及一些相關的陷阱。

出身貧民區的麥當勞執行長

心靈成長大師東尼・羅賓斯（Tony Robbins）說，你拿什麼樣的問題問自己，會決定你的生活品質。如果你問：「為什麼我這麼胖？」大腦會回答：「因為我很笨，又缺乏意志力。」羅賓斯的論點是，如果你問的是爛問題，就會得到糟糕的答案、過著糟糕的生活。但是如果你問：「我該如何盡可能善用資源，以達到生命中最好的狀態？」你的大腦會說：「我會吃品質最好的健康食物，像個專業運動員一樣健身，然後活到一百二十歲。」

身在社會上的我們常會問：「為什麼財星五百大企業（Fortune 500）中，非裔美國人執行長那麼少？」通常會得到這類的答案：「種族歧視、種族隔離法、奴隸制度和結構性的不平等。」但是，也許我們應該問：「來自芝加哥惡名昭彰的卡布里尼－格林花園高樓（Cabrini-Green Garden）公共住宅的黑人，* 究竟如何成為麥當勞唯一的非裔美國人執行長？」如果想知道為什麼包容文化沒有奏效，我們可以問前面那道問題；但是，如果想弄清楚如何讓包容文化發揮作用，就應該問後面那道問題。

成吉思汗克服「黑骨頭」的出身，以及遭到部族拋棄放逐的經歷後，征服世界上大部分地區，以更加符合人人平等概念的方式改造世界。他的策略包括殺死同父異母的哥哥別克帖兒、結拜兄弟札木合，以及其他無數人；當然，這樣的策略在現今的世界不太有效。麥當勞前執行長唐・湯普森（Don Thompson）採取截然不同的方式崛起。他打

* 卡布里尼－格林公共住宅興建於一九四〇年代，分為高樓住宅區和排屋（row houses，由許多棟雙層或多樓的房屋相連形成的建築，相鄰的房屋共用同一道牆）住宅區，巔峰時期曾容納一萬五千人，座落於芝加哥市中心，緊鄰當地最富裕的兩個社區。由於政策、住宅設計缺陷與管理不佳等問題，導致住宅區內交通不便、教育程度低落、治安亂象頻傳以及居住品質惡化，形成惡性循環。

從心底擁抱包容文化，發展結盟關係，但不強迫別人接受自己的想法。不過，一旦擁有權力後，他就採取跟成吉思汗極為類似的人人平等策略。他跟成吉思汗一樣，不會戴著有色眼鏡，用階級或膚色評斷別人，而是注意對方的本質，以及對方取得機會後，可能會成為什麼樣的人。

湯普森的體型很嚇人，他身高一百九十三公分、體重達一百二十公斤，但是，他的為人非常和藹可親又誠懇，如果你不喜歡他，肯定也不會喜歡自己。他對人和種族的哲學，完全反映在他討喜的做事風格上，與他告訴我的故事如出一轍，他說：

想成為會議中唯一一個黑人，有兩種辦法。你可以想著：「每個人都在看我。」然後把情況想像得愈來愈糟：「他們不喜歡我、不喜歡黑人……。」或者，你也可以跟我一樣想著：「每個人都在看我，他們不知道自己即將體驗到唐・湯普森帶來的巨大衝擊。我要跟他們談談，他們會了解我，我也會了解他們，我們甚至可能建立一段美好的友誼，或是長長久久的業務關係。」

不幸的是，我們大多數人都被洗腦，只會用第一種想法應付生活。會議是一場競賽，我會嘗試理解你，而你也在試著明白我。我們能不能成為合作夥伴？我們會成為彼此的後盾，還是敵人？如果競賽一開始，你就把會議室裡所有人都看作敵人，你已經全盤皆輸。你必須重新定位自己，想著你帶來的是新東西、好東西，而且是他們沒有的東西。

湯普森由祖母蘿莎（Rosa）撫養長大，他充滿感情的把自己長大的地方稱為「社區」（Neighborhood），而不是「貧民區」（hood），這個用詞上的細微差異充分顯示出他的觀點，所以當別人看到慘澹的一面時，他卻能看到機會。卡布里尼—格林公共住宅的居民幾乎都是非裔美國人，白人居民只有三位，他們分別是警察、消防員和保險業務員；而那位保險業務員賣出的壽險，保額剛好只夠支付被保險人的葬禮開銷。

湯普森十歲時，他們家搬到印第安納波利斯市（Indianapolis），鄰居都是非裔美國人，不過新學校裡幾乎全都是白人。所以，祖母蘿莎教他如何在這些不同的世界裡與人談判。蘿莎是中端零售連鎖商店艾爾衛（Ayr-Way）的經理；這家公司後來被塔吉特百貨（Target）收購。她的店裡大多數員工都是白人，但是她對每個人都一視同仁，他們也都來過家中拜訪。湯普森從祖母身上學到，人有好人也有壞人，但你必須個別看待他們，才能看清楚他們是怎麼樣的人。

湯普森在一九七九年進入普渡大學（Purdue University），然後馬上就受到震撼教育，他回憶當時的狀況：

進入校園後第一個晚上，我非常興奮可以上大學。這時，一輛敞篷車在我附近停下來，車上三個白人對著我喊：「黑鬼！」

我雖然受到驚嚇，但我知道比賽正要上場。因為你們絕對不可能阻止我來到這裡所追求的事物。我曾經見過你們，雖然不是你們當中特定的哪一個人，但是我見過像你們這樣的人；而且我也見過試圖掐住我的脖子、想把我勒死的黑人。所以，對我來說，這不是什麼新鮮事。你們這三個反對我的人，想停車就停吧，我絕對沒問題。要不然，你們也可以繼續開車，大聲喊出你們想說的話，不過那並不會改變任何事。

儘管碰到這種事，他仍然對他在普渡大學的那段日子充滿感激，而且，現在他還成為學校董事會成員。

無論你來自哪裡，只要拿到工程學位畢業，你就會得到應有的報酬，這讓人覺得平等。

湯普森在一九八四年大學畢業後，進入諾斯羅普公司（Northrop）的國防系統部門擔任工程師。他在那裡一開始也遭遇到不太好的經驗：

兄弟，我有一張桌子了，那是我自己的桌子！猜猜我第一天上班時，桌子中間貼了什麼？一個白色十字架。我把它刮掉、揉爛，然後丟進垃圾桶裡，接著把個人物品擺到書桌上。我記住祖母的話，沒理會這件事，繼續我的工作，並且和一些人建立起非常棒的關係。

湯普森在諾斯羅普工作六年並且晉升管理階層。一九八〇年代末期，當國防產業需求疲弱時，他接到一通招募電話，詢問他是否想在麥當勞工作。他直覺以為是國防承包商麥道公司（McDonnell Douglas）：

當我發現打來的是麥當勞漢堡時，馬上回答：「不了，謝謝。」我這麼努力就為了成為電機工程師，而且祖母已經為我投資這麼多，我不能最後卻去煎漢堡。不過，他們卻找來一個麥當勞員工打電話給我，他曾經是貝爾實驗室的工程師，他說：「不過是來談談，你會有什麼損失嗎？」這讓我學了一課，現在我會說：「除了拒絕拉高衣領以外，別拒絕任何東西。」*

湯普森加入工程小組，開始改良一個名為「炸薯條曲線」的製作流程，幫助麥當勞做出世界上最好吃的薯條；這條曲線是指薯條在整個油炸過程中經歷的油溫變化。要改良這條曲線非常棘手，因為放進油鍋的薯條溫度不盡相同，有時薯條已經解凍回溫，有時則是直接從冰櫃取出。湯普森和團隊在油鍋裡放進一片晶片，透過程式設計，確保每次炸薯條時都能依照最佳曲線料理。他完成這項任務和其他挑戰後，成為部門中的首席工程師。但是，這件事卻差點導致他離開麥當勞：

麥當勞每一年都會頒發總裁獎給表現最好的前一%員工。那一年我表現絕佳，部門裡每個人都說：「唐，你一定會拿到總裁獎。」頒獎當天我穿得非常體面，而且打理得比衛生委員部門的人還乾淨。我非常興奮，但是，他們宣布的得獎人名單中，完全沒有工程部的人。前一年我們部門還有兩個人獲獎。

所以，我參加了討拍派對。我告訴自己：「他們不想讓黑人得獎，也還沒有準備好接納我，我要離職。」部門主管走過來說：「你大概很好奇為什麼沒得獎吧。」我說：「老實說，我確實想知道原因。」他告訴我：「因為我沒有把你的名字放進

---

* 原文 Don't turn down anything except your collar. 中「turn down」是一語雙關，可解釋為拒絕，也可解釋為拉下來。

去，畢竟我們部門去年已經有兩個得獎者。所以，我不只準備好參加討拍派對，還準備好要當主辦人。」

我打電話給幾個熟人，告訴他們我準備要離職。其中一位說：「在你做決定前，我要你去找雷蒙・麥恩斯（Raymond Mines）談談。就幫我個忙，跟他見個面。」

雷蒙・麥恩斯是麥當勞的區域主管，他負責橫跨華盛頓到密西根的八個州，也是公司裡兩大非裔美國人領導人之一。他來自俄亥俄州，是個非常粗野的人。我和這位兄弟見面時，他問：「你為什麼要離開？」我說：「很明顯，麥當勞還沒準備好接納我，他們還沒有準備好接受我能帶來的影響。」然後，他一針見血指出：「所以你打算離職是因為你沒有得獎。」他接著說：「品管小組想用你，他們願意提拔你，你為什麼不去幫他們工作？」最後他補充：「也許有一天你可以到我這來工作。」

我想，這肯定是我聽過最傲慢的評論，而且，雷蒙的話讓我相當困擾。我原本希望他同情我，但是我卻從他那裡得到了力量。這讓我十分震驚，所以我選擇接受這份工作。

湯普森成為麥當勞品管部門的四名成員之一，其他三人專門負責為高層主管撰寫演講稿，錢多事少，而他則專做苦差事，必須帶著掛圖到全球各地開會。但是，這項工作讓他學習、進而掌握全球最大的餐飲集團的複雜運作。公司裡幾乎每一個最重要的小組他都見過了，也串起整個集團的營運流程、弄清楚不同營運部門的次文化、部門間的關係，以及商業模式中的細節；這些都是讓這座漢堡工廠繼續繁忙運作的隱藏魔法。

我從底層的角度看到不同的風景。我們的目標是要讓人們有更多笑容，或是更努力工作，但是當我到訪分店時總會發現，有些人在麥當勞上班八小時後，又得去兼差繼續工作八小時。為了達到目標，你必須真正了解員工正在經歷怎麼樣的生活。

一年後，湯普森在大廳裡遇見雷蒙・麥恩斯時，對方喊道：「到了承擔代價的時候了。」他在負責管理的區域中特別開出一個新職位給湯普森，讓他擔任策略規劃總監。湯普森跟著麥恩斯視察各個地區、解決當地問題，並且制定季度和年度計畫。麥恩斯的管理風格很不尋常：

我可能會在週四接到雷蒙的電話，他在那一頭說：「週一在機場跟我會合。」我會問：「我們要去哪裡？在那裡待多久？」他回答：「別管我們要去哪裡，記得打包好三天的行李。」

週一我會到機場，跟他一起飛往某個地區，當地管理者可能與餐廳發生了糾紛。然後他會說：「唐，你來解決。」在我們負責的區域中，所有餐廳的經理都是白人，一開始他們對我的態度是：「唐，給我滾出這裡。」但我還是照樣工作，然後解決問題，並且學會以前工作中所沒學到的事。這份工作讓我從高層的角度看待問題。

我的任務是幫助地區經理改善事業，不過，如果我一走進店裡就跟他們明講，肯定立刻變成敵人。我在雷蒙的指導下想出一套更有效的辦法，我會說：「聽好了，我是來幫忙你的事業，我會盡我所能的努力，而不是告訴你該怎麼做。我可以幫助你了解餐廳績效，以及和其他地區餐廳的績效差異，然後幫你達成目標。」這套方法扭轉了整個情勢，如果地區經理覺得你是來提供幫助的人，他們就會接納你。那些白人教會我擔任地區經理的所有細節，讓我後來能晉升到執行長的位置。

湯普森認識到，他決定辭職後接下的新工作，在他晉升執行長的路上幫助最大。他歸納出兩項教訓，都是他身為少數族裔取得成功的關鍵：

一、不要參加討拍派對，也絕對不當主辦人。

二、除了拒絕拉高衣領，不要拒絕任何事。因為，機會可能來自任何地方。我明明是電機工程師，卻要設計薯條油炸鍋的加熱系統，又被指示要帶著掛圖支援策略規劃會議。我有很多理由拒絕這些事，但是正因為這些經歷，我才有機會成為執行長。

在顛簸的崛起過程中，湯普森必須走自己的路，同時也得保持開放，在關鍵時刻接受他人的幫助。這些經歷在他升任麥當勞執行長後，幫助他確立個人哲學以及採取包容和多元的做法。

在麥當勞內部，我們的女性、非裔、拉丁裔和同志員工都各自有一個專屬的網路。

有一天，我看到很多白人員工聚集在一起，他們對我說：「唐，我們有個問題。誰會想到我們呢？」我說：「你的意思是？」他們回答：「你們有黑人、拉丁人和同性戀專屬的網路，但誰會想到我們呢？我們有什麼網路？」

很多人聽到這些話可能會這樣反應：「你是在跟我開什麼他媽的玩笑？」但是，湯普森有一種罕見的天賦，即使聽到乍看很自私或自我中心的評論，他也能感受到潛藏的焦慮；也就是說，他聽得出來多數人無法察覺的脈絡和意圖。

所以我說：「你知道嗎？我們需要一個白人男性專屬的網路。」他們回：「別跟我們開玩笑了。」我說：「我是認真的。我們是真正重視多元和包容，還是只談黑人、拉丁人或少數族群的權益？」問題在於，我們希望以每個人的本質看待他們，讓大家都盡己所能；還是，我們只偏好為某些群體發聲卻不管其他人？因此，我們成立第一個白人男性專屬網路。當然，他們不想用這個當作網路名稱，所以我們取名為「包容網路」。

我請湯普森詳細闡述他獨特的做法。

其他網路的成員覺得我瘋了。他們說：「白人不需要網路，他們是多數族群。」我說：「我知道他們『現在』是多數族群，但是你必須問自己，你真正支持什麼樣的價值觀？既然你聲稱支持多元，這就代表屋簷下每一個人的想法都值得包容。這樣一來，我們的網路也必須讓白人加入；如果你不包容所有族群，就是違反包容的價值觀。」

成立包容網路後，湯普森帶著所有族群的網路領導人到外地靜修，並且試著傳授他們一套方法；這套方法是成吉思汗在一千多年前就已經習得、實施的經驗，核心思想如下：「別把我看作混蛋或黑骨頭；把我看成一流公民，我就會幫你征服世界。」

這場聚會一開始，湯普森先讓每個群組各自發言，說明其他團體跟他們的利害關係。聽完好幾個小時內容都差不多的抱怨後，大家得到一個結論：他們的擔憂毫無道理，因為每個人想要的都是同樣的該死東西；他們都希望被看見、被聽見，並且能夠被納入對話。最重要的是，他們希望被重視。這就是達成包容所需要的條件。你看到的是一個黑人，還是看到唐這個人？

如果有效包容的關鍵是看到人們真正的樣子，我們如何保證有真正看到他們呢？

現代的忠誠與菁英制度

許多現代企業採用微妙的階級制度。你的社會階級雖然不是由你屬於「白骨頭」或「黑骨頭」來決定，卻是取決於你是藍領或白領，或是你曾就讀史丹佛大學或密西根州立大學。在矽谷，你的階級通常取決於你是否會寫程式。

微軟公司全球策略主管瑪姬・伍德羅特（Maggie Widerotter）二〇〇四年接掌前線通訊（Frontier Communications）執行長時，就得面對現代商業中最僵化的階級體系之一。

前線通訊是從AT&T分拆出來的其中一個小貝爾（Baby Bell），*以提供本地和長途電話服務營利，員工分為白領和藍領兩大階級；白領員工大多在康乃狄克州諾沃克市總部上班，藍領員工則分散在美國的一萬五千個郊區和偏遠地區市場工作。這些藍領員工負責和客戶打交道，他們代表前線通訊的真實門面，然而高階主管卻待他們如佃農，幾乎從來沒有飛到當地了解他們每天的實際工作。此外，高階主管有公司配給的醫師、廚師以及飛機，飛機配有六名機師和專用機棚。儘管這家公司已經虧損多年，高層還是享有一切福利，體制已然殘破不堪。

幸好瑪姬・伍德羅特是個天生的領導人，她很聰明、有自信又極富同理心。我跟她

* 一九八〇年代前，AT&T公司旗下的貝爾系統（Bell System）長期壟斷美國電話服務，遭到美國司法部多次以「反托拉斯」為由起訴。最後，雙方於一九八二年達成和解，AT&T公司拆解為專營長途電話業務的AT&T公司，以及包含前線通訊在內的七家地區電話公司，這七家公司俗稱「小貝爾」（Baby Bell）。

在奧克塔（Okta）和Lyft的董事會共事時，公司執行長不用別人提醒，就會注意瑪姬所說的每件事。很明顯，她相當具有領導魅力。

伍德羅特告訴我，她剛到前線通訊時，「每個人都想給我看組織架構圖，好確保我了解組織的權力結構。但是，我根本沒看那些圖，因為我相信工作是由可靠的人完成；有些人可能沒有頭銜或職位，但他們是完成工作的人。」

她出差到各地聽取意見，以及偏遠市場的狀況，藉此搞清楚業務運作流程，並且認識那些站在第一線的可靠員工。制定戰略時，她會諮詢這些第一線人員的意見，而不是找公司高層管理人員商談。她會詢問員工熱愛和討厭公司哪些地方。最後，她花時間思考如何打破階級制度、拉近白領和藍領工人之間在溝通上的隔閡。

她的改革第一步就從開除幾個最懶散的高階主管開始，接著解雇醫生、廚師和六名機師。然後，她賣掉公司的飛機和機棚，成為當時財星五百大公司中，唯一搭乘民航客機的執行長。她幫所有員工加薪，那是公司近五年來第一次調薪。

伍德羅特傳遞出的訊息是：「我們共同面對一切。」但是，她知道她的行動必須與她所說的話一致，才能鞏固她想傳遞的訊息。為了改變情勢，每次調解爭執時，她總是武斷的站在第一線員工那一邊，而不是選擇支持領導階層，因為讓員工發聲遠比那些爭執的細節更重要。如果主管不認同「第一線員工永遠是對的」這個概念（更何況，這些員工的意見就代表客戶的意見），他們很快就會被拉下台。

伍德羅特雖然力挺第一線員工以改變公司情勢，但是這並不代表他們真的都是做對的事。

負責地方市場的人會告訴我：「沒有主管的允許，我沒辦法用能讓客戶滿意的方式完成安裝服務。」我問：「你需要什麼？」他們會說：「我沒有適合的工具可以完成工作。」他們說的「工具」，真的就是指鎚子和螺絲起子而已。因此，我會告訴他們，直接去五金行購買你需要的工具，再把帳單呈報給技術主管。我的目的是要鼓勵他們停止抱怨，開始當家作主。

伍德羅特的改革有了一個好的開始，不過，為了真正發揮影響力，伍德羅特不得不處理工會合約。一般來說，這種類型的合約向來都是由公司的律師和工會負責人進行談判，管理階層不會插手。伍德羅特以前任職的公司都沒有工會，因此她質疑為什麼非得用這種方式進行談判：

我們和工會的關係非常敵對。公司律師得在全國各地飛來飛去，表現得像是混蛋一樣爭輸贏。不過，工會成員是在康乃狄克州幾位總經理手下做事，所以我說，那些總經理應該直接跟部屬談判。結果，那些負責安裝、修理電話的工會成員獲得跟其他人一樣的薪酬福利，而且分紅和股票選擇權都沒少。作為交換條件，工會則是在健康保險的定額手續費（Copay）等項目上退讓。*訂定共同的目的和目標有助於凝聚公司團結一心，建立信任關係，工會成員終於開始表示：「哇，我們確實可以把這份工作和這家公司都做得更好！我們可以獲勝。」

「我們共同面對一切」必須雙方都願意配合。為了跟有線電視公司競爭，前線通訊開始提供付費電視和計次付費節目，但收購威訊（Verizon）部分資產後，他們才發現威訊有四六%員工都訂購有線電視，沒有使用前線通訊的產品。

我對那些原來屬於威訊的員工說：「我們得在這些市場中大獲全勝，我買下這間公司是因為它擁有很好的資產，其中一部分最好的資產就是在這裡的你們。但是，我們必須區分清楚誰是敵人；你們的敵人不是我們，而是有線電視。我知道你們當中有四六%的人每個月都付錢給有線電視公司，我不能接受這種事，你們有三十天的時間退掉有線電視，改訂我們的服務，不然就等著被炒魷魚。」我說完以後，大家交談的聲音隆隆作響。我接著說：「我們共同面對一切，但是你們必須決定要對誰忠誠，如果選擇我們，你們都可以保有工作，而且我會繼續保障大家的工作，否則我也幫不上忙。所以，選邊站吧，不然三十天後如果你還是有線電視的訂戶，就再也不用來這裡工作了。」

* 美國私人醫療保險中，被保險人必須繳交基本保費，診療費超過自付額（依保費而定）時保險公司才會出錢。超過自付額的診療費用中，被保險人還必須繳交一筆定額手續費（Copay，概念類似臺灣的掛號費）。只有年度累積診療費用超出最高自付額後，超額的費用才會由保險公司全額負擔。

最後，幾乎所有員工都換掉電視服務供應商，沒換的人也確實都被解雇了，留下來的人則成為伍德羅特新一批的菁英。

改變文化需要好幾年才能完成，但是它能產生絕佳的效果。伍德羅特擔任前線通訊執行長的十一年裡，工會從未罷工，公司也從一個怪異、無聊的區域性小貝爾公司，轉變為全國性的寬頻供應商，業務遍及美國二十九州，年營收也從原本的三十億美元成長為超過百億美元。

伍德羅特破除前線通訊的階級制度，讓員工建立強烈的忠誠，讓他們不受束縛、做好自己的工作。這樣的做法為她贏得「平民執行長」的綽號。

掌握包容文化，得先看見人們真正的樣子

「包容」是一個龐大而複雜的問題，我沒資格談論社會上的包容議題。所以，我只專注在如何應用成吉思汗、唐・湯普森和瑪姬・伍德羅特三個人的原則，幫助企業取得

競爭上的優勢，而且這項優勢能讓你延攬到最優秀的人才。他們不只了解民族、種族或性別多樣性，還了解認知和文化上的多樣性，也就是人們在處理資訊、思考和與他人互動時，每個人都具備不同又獨特的應對方式。他們藉由觀察人們真正的樣子，就可以得知實際上應該提供他們什麼幫助。

成吉思汗的包容文化中有三項關鍵：

一、他在戰略和執行面都介入很深，甚至讓母親收養被征服部族的遺孤，以象徵融合的過程。

二、他從需要填補的工作內容開始找人，無論是騎兵、醫生、學者或工程師，他都會找人才填補。他不會認為具備特殊背景的人都能勝任類似的工作，也就是說，不是所有中國官員都能成為偉大的行政官。

三、他不但確保被征服的民族受到公平的對待，還透過收養和通婚，接納他們為親族。這些人不是在雙方平等的狀況下加入蒙古帝國，但是他們卻感受到真正的平等，後來對成吉思汗和蒙古人的忠誠程度，甚至超越對自己原本氏族的忠誠。

與成吉思汗的措施相較之下，現代企業的做法通常會是：

一、執行長委派「多元文化負責人」執行包容計畫。

二、多元文化負責人的任務是實現多元化，而不是確保整家公司的成功，因此他們常專注在實現特定種族和性別的目標，而不是從不同背景的人才庫去招募人才。

三、公司常將整合工作外包給各類型的顧問，卻忽略外部顧問不了解公司業務目標的問題。也就是說，這些公司沒有更努力為新員工打造優良的工作環境，因此，儘管表面上新進員工增加，實際上卻得看員工滿意度和新進員工流動率才能知道真實狀況。而且，通常前者數字會很低，後者則是很高。

包容的關鍵在於，即使不習慣這個人的種族或性別，也能根據他們真正的樣子對待他們。所以，當招聘人員考量應徵者的膚色或性別作為決策依據時，實際上會破壞你的包容計畫。因為，你不會看到這個人，只會看到他的外表。

應該採取的做法似乎已經很明顯了，但是要真正理解箇中道理其實更棘手。因為如果你雇用跟自己同種族或同性別的人，評斷他們的時候可能沒有問題。像是如果女主管雇用女員工，之後可能不會有問題；要是男主管雇用女員工，很可能只會看到這位員工是女性，而不是看到她真正的樣子。因為，大多數解決包容問題的顧問，都來自受到包容的團體，經常會錯過這個重點。所以，雇用女性和少數族裔擔任高階主管職位，通常能加速幫助你落實包容文化。

如果缺乏深謀遠慮又沒有堅持到底，即使有良好的意圖，也往往會導致災難。幾年前，我和朋友史蒂夫・斯圖特（Steve Stoute）討論他的音樂產業生涯，那是個包含相當多領域的產業。他回憶起擔任索尼（SONY）的城市音樂（Urban Music）總監的日子，笑談那個頭銜有多麼可笑。他說：「他們害怕冒犯我，不能稱我為黑人音樂（Black Music）總監，所以他們改稱『城市音樂』。但是，那甚至不是真正的問題。而且既然我們叫『城市音樂』，我變成只能在城市裡做銷售，搞得像是黑人都不會住在鄉村似的。」他接著說明，即使改名叫「黑人音樂」也無濟於事：「我們有麥可・傑克森（Michael Jackson），但哪一個白人不愛麥可・傑克森呢？那不是黑人音樂；那就是音樂。」

就像音樂的分類那樣，許多公司也實施類似的「城市人力資源」（Urban HR）制度，但是徵才標準卻完全比不上成吉思汗。這些公司成立多元化部門，搞的像是女性、非裔和西語裔人才非常不同，從根本上有別於白人、男性或亞裔人才。如果你只聽單一種族製作的音樂，那麼你可能不懂音樂；如果你只聘雇單一種族或性別的人才，你可能也不了解人才。我非常清楚知道這一點，因為直到最近我才終於算是了解人才聘雇。

創辦安霍創投幾年後，我檢視公司和其他幾家頂尖科技公司的組織構成，然後發現大家的徵才模式很明顯，每個組織都會雇用跟負責人很類似的人才。如果公司由女性經營，女員工的比例就過高；如果由華裔管理工程部門，你就會發現那家公司有許多華裔工程師。如果由印裔管理行銷，行銷部門到處都會看到印裔員工。為什麼？一切都源於招聘資料。人們不只了解而且非常重視自己的優勢，也知道如何在面試中測試這些優勢。

我們公司每一個部門都有這個問題。我們的行銷主管是女性，因此她有很多女性部屬。我問她，在她的認知裡，有哪些工作條件是男性無法辦到，因此很難受聘為行銷人員。她回答：「樂於助人。」我震驚不已。當然！我們是一家提供服務的公司，每一個職缺都應該要求應徵者具備樂於助人這項特質，但是我身為創辦人卻從來沒想過這一點。我實在是瞎了眼，完全沒有認清楚我們需要的人才應該具備的確切特質，所以才會一直錯過他們。

來自不同背景和文化的員工，會為組織帶來不同的技能、溝通方式以及更多不同的特質。當我們測試樂於助人這項特質時，女性得分會比較高（當然也有樂於助人的男性）。這項測試讓我以不同的方式思考如何評估應徵者。我想到的其中一項標準是看應徵者的義工經驗，樂於助人的人原本就喜歡從事義工工作。事實證明，樂於助人的應徵者在面試時，總會希望多談論與面試官相關的資訊，而不是只談論自己的背景。這是因為，愈了解面試官，他們才能預期對方的需求，並且提供幫助。

同樣的狀況也發生其他測試結果中，測試應徵者是否有能力建立良好人際關係時，我們發現非裔應徵者的得分通常比較高。我們會在面試時，了解應徵者如何與我們建立關係；面試之後，我們也會考量想不想花更多時間和這位應徵者相處。連鎖餐廳起司蛋糕工廠（Cheesecake Factory）有位年輕的非裔服務生，他因為非常擅長建立人際關係，成為全國分店中賺取最多小費的服務生。他絕對擅長創造即時的友好關係。如果你在特定的人才庫當中，無法看到有潛力的人才，解決方法是，不要為這些族群各自建立不同的招募流程，只要改善既有的聘雇流程，就能解決你的盲點。

如果要打造頂尖的競爭力，我知道必須改變人才選拔的流程。跟許多公司一樣，我們的招募網路都來自公司員工，因此必須進一步擴大人才網路。例如，為了建立非裔人才網路，我們跟一些知名非裔領導人一起舉辦活動，例如時任凱撒醫療集團（Kaiser Permanente）執行長伯納德・泰森（Bernard Tyson）、危機處理專家茱蒂・史密斯〔Judy Smith，她的故事被改編成電視劇《醜聞》（*Scandal*）〕*，以及知名的矽谷領導人肯・柯爾曼（Ken Coleman）。此外，我們也會跟非裔美國科技組織聯繫，例如 /dev/color、NewMe和Phat等。

接著，我們改變人才招募流程，當主管需要找新員工時，必須從慣用的人才庫（例如美國退伍軍人、非裔美國人等）之外找人，並且檢視應徵條件，再建議應該針對哪些條件找候選人，最後說明如何測試應徵者的條件。舉例來說，男性主管招募經理時，最常忽略的標準就是應徵者提供回饋意見的能力。相較之下，女性主管不太會有這個毛病，因為女性比較願意跟同事對質，或是談論讓人難以啟齒的話題；男性則經常迴避這個問題，直到問題變得超級棘手才願意處理。此外，我們也會確保面試官團隊來自不同的背景，好讓我們更清楚候選人的完整背景。

新的招募流程並非完美無暇，但是顯然還是比舊的方式好很多。現在，我們企業一百七十二位員工當中，半數是女性，二七％是亞裔，一八・四％為非裔與拉丁裔。如果我們當初堅持保留舊流程，現在可能就看不到多元背景的人才。

更重要的是，我們不但增加新進員工，也改善文化凝聚力。因為我們重視並且測試樂於助人的特質，也重視擁有這類特質的人才。我們可以看見他們的本質，而不是只看見他們的外表。

對於面試當中特別挑選出來測試的特質，我們都很容易特別重視它，卻幾乎不可能在乎那些沒測試到的特質。所以，如果企業基於應徵者的非裔美國人身分而決定雇用

＊《醜聞》是一部以白宮為背景的美國連續劇，女主角的故事部分取材自茱蒂・史密斯擔任布希總統白宮新聞祕書時的個人經歷，史密斯也是這部連續劇的聯合執行製作人。

他，種族就會成為企業文化其中一項決策因素，最後形成種族主義文化。別忘了，你的行為，決定你是誰。如果有人受益於公司多元化政策而獲聘，其他的人都會記住這個事實，於是這位員工就必須一再證明自己的工作能力，以免總是遭到質疑。但是，如果每個人都是按照相同的標準獲得任用，這樣的文化就能讓我們真正看見人們，了解他們的本質，以及他們能帶給公司的獨特貢獻。

第 8 章

設計你的企業文化

我不要你變成我，你就是該做自己

── 饒舌錢斯（Chance The Rapper）

要達成你想要的文化，第一個步驟就是知道你想要什麼。這聽起來理所當然，而且實際上也真的是要這樣做；只不過，這聽來簡單，實際上卻沒有那麼輕鬆。文化有那麼多種選擇，你要怎麼設計出一套文化，不僅讓組織具備必要的優勢，創造出讓你驕傲的工作環境，還有最重要的，能夠真正讓所有人配合落實。

請記住下列幾項關鍵：

- 不論你是新創公司還是百年企業，設計文化都很重要。文化就像創造文化的組織一樣，必須隨時演進以因應新挑戰。
- 所有文化都是為了追求更高的目標。我曾經與上千家公司一起工作，但是沒有一家公司能夠達成百分之百服從或和諧的文化。在任何一家有規模的公司中，總是會出現違反文化的案例。但是，重點不在於完美，而是在於比昨天更好。
- 你可以從其他文化獲取靈感，但是不要試圖引進其他組織的實務做法。要讓你的企業文化有活力、可以持續落實，文化那就必須來自企業的血液與靈魂。

做自己

要設計成功的文化，第一步就是做自己，但是這可不容易。

一九九三年，美國職業籃球協會（NBA）球員查爾斯・巴克利（Charles Barkley）說了廣為人知的一句話：「我不是任何人的榜樣。我會灌籃，不代表就要當你家小孩的榜樣。」很多人認為這種說法非常聰明，這也讓巴克利接下Nike的廣告宣傳影片。在這支廣告大受歡迎後，一位記者詢問巴克利的隊友哈基姆・歐拉朱萬（Hakeem Olajuwon）是否也「不是任何人的榜樣」，但是歐拉朱萬回答：「我是大家的榜樣。」

歐拉朱萬解釋，巴克利在私底下與公開場合完全不同，為了維持雙面的人格，他的壓力非常大。巴克利常常要尋求管道釋放壓力，他並不覺得自己是美國職業籃球協會要他當的那種人，所以當他參加派對時，就會玩到極致。歐拉朱萬說他和巴克利相反，無論在公開場合或是私底下都是一樣的人，所以，他是大家的榜樣。

這次訪問揭露擔任領導人的關鍵：你必須做自己。其他人總會對你該表現出什麼樣子有意見，但是如果你想要整合所有的想法，這些想法卻與你的信念與個人特質不一致，那麼你就會失去魅力。如果你嘗試要當另外一個人，不只會無法領導眾人，面對跟你看齊、想要迎頭趕上你的人，你還會感到相當羞愧。就本質上來說，巴克利的意思就是：「不要追隨我，就連『我』都不喜歡自己。」

在鎂光燈之下，管理者總會發現，要做自己非常難。舉例來說，有一位表現出色的同事史丹（Stan），第一次受到拔擢當上經理，所有同事也都很興奮。但是，史丹變成「史丹經理」，而且他莫名奇妙的變成一個混蛋。因為他認為必須建立權威，所以他不再好好的對待同事，而是開始用權力壓迫同事。沒有人喜歡或尊敬史丹經理。

當「做自己」的議題往上升到執行長階層時，問題通常會變得更難以察覺。很多執行長會師法某位成功的領導人，但是，他們很有可能根本沒有把這套做法吸收內化，或是這套做法根本不適合他們的公司。舉例來說，某位執行長可能讀到傑克・威爾許（Jack Welch）的「考績定去留」制度（rank and yank），這套做法將所有奇異員工排出名次，然後解雇考績吊車尾的人。你看，威爾許多成功！於是，這位執行長決定採行這套制度。但是，當他跟公司主管講的時候，其中一個人說：「但是，我們有一套要求超級高標準的聘雇流程，我們只會聘用業內最厲害的人才，所以即使是考績最差的一〇%員工，都是很厲害的人。」執行長想了想：「也對，事實上設立聘雇流程的人是我。」

現在，這位執行長面臨窘境，即使他已經不相信採用新制度的想法，還是要繼續堅持已見嗎？還是，他要冒著可能被說是腦袋不清楚的風險，反駁自己的想法？這可不是雙贏的局面，而且一切都源自於他想要當傑克・威爾許。如果你沒有做自己，就連你都不會追隨身為執行長的你。

執行長也常常會從董事嘴裡聽到類似下列這句話：「在我擔任董事的企業當中，你們公司的財務長真的比不上其他公司的財務長。」這種說法真的很難對應。執行長不可能知道其他公司財務長的情況，也無法一一面試他們並且比較優劣，那他要怎麼回應？遇到這種狀況的時候，執行長通常會跑去告訴財務長，要他在董事面前好好表現。這種處理方式大錯特錯，因為執行長只是在當那個董事要他當的那種人，而且他還缺乏個人觀點，根本是徹底失敗。除此之外，這位財務長會相當困惑，因為他不知道哪裡做得不好，他還可能會變得不像自己，最後失去領導魅力。

執行長應該告訴董事：「沒問題，請告訴我，你覺得其他公司的財務長有哪些地方的表現比我們的財務長更優秀；麻煩也把那些財務長介紹給我認識。」執行長應該花時間跟那些財務長相處，再來決定董事指出的技能差異是不是真的。接下來，最關鍵的步驟是，執行長要確認公司財務長缺乏的技能，對公司來說有多重要；如果這些技能都是必要的技能，而且公司財務長的表現真的不如其他公司的財務長，執行長就可以跟他長好好講清楚，並且讓他知道無法勝任這個職位的理由。如果執行長不認同董事，只要做自己就好，而且既然已經做足功課，就不需要有後顧之憂。

如果你遵循領導守則第一條，就沒辦法讓所有人都喜歡你；但是，如果你試圖讓每個人都喜歡你，事情反而會變得更糟。我知道這個重點是因為不是每一個人都喜歡我，事實上，我很確定有些讀者讀到這一段可能會說：「這個老白男竟然引用錢斯的歌詞，他是哪根蔥啊！」我一點都不在意，不酷也行，我只要做自己。

避開你的缺點

每一位執行長的人格特質當中，都會有他不想帶進企業文化裡的幾項特質。請仔細考量你的缺點，因為你不會希望把這些缺點設計到企業文化裡，否則，將來你就會被「以身作則」反咬一口。

我的人格特質中，有個部分對軟體業來說不太好，那就是我很願意進行永無止境的散漫談話，這個習慣比較適合創投公司。給我未來的朋友一個小建議：如果你不掛斷電話，我們可能會一直聊到天荒地老。

當你必須讓一家大型組織能夠精準、協調的同時進行大量任務時，自然沒有時間在每一次談話中探索每一個小細節。所以，我這種東拉西扯的溝通方式（到現在我依然認為這是好奇心的表現）有可能會成為極大的缺點，我學著利用下列三種方式反向設計企業文化，以對抗我的壞習慣：

一、我讓身邊充滿具有相反特質的人，他們總是想要盡快結束話題，並且進入下一項工作或步驟。

二、我設下規矩管理自己。如果沒有明確又清楚的議程或是會議目標，我們就取消會議。

三、我向全公司宣布「開會要有效率」，雖然我不想以身作則遵守這項規定，但是我會強迫自己盡量做到言行一致。

公司還是受到我那種缺乏效率的人格特質影響，但是在大部分的狀況下依然能夠順利運作。

以身作則

當你清楚掌握自己的特質後，接下來就可以開始把性格特色規劃成你想要的企業文化。迪克・科斯特洛（Dick Costolo）接任推特執行長時，比爾・坎貝爾開玩笑的說，假如在你們公司設定一個下午五點啟動的炸彈，只有清潔人員會被炸死。柯斯特洛想要改變，並且塑造一個努力工作的企業文化。他是個相當殷勤的人，每天晚上與家人吃過晚餐後，都會回到辦公室繼續工作，好讓還在辦公室裡的人，或是需要他幫忙才能完成工作的人，都能夠隨時找到他。沒過多久，很多員工的工作時間變長，大家也完成更多工作。如果柯斯特洛沒辦法長時間專注工作並且保有效率，他的計畫永遠不會成功。

如果領導人的言行與他的個人特質如出一轍，要落實言行合一就會比較容易。當我還是個年輕的經理人時，透過文字傳達的回饋意見對我影響很大，更勝透過口頭傳遞的回饋意見（即使我明顯是個愛說話的人）。我喜歡自己寫報告，所以，當上Opsware執行長時，書面的回饋自然就成為我們企業文化中重要的一環。如果我憎恨寫字，這項美德永遠不會運作得好。

企業文化必須反映出領導人的感情與感受能力。無論你多想要打造一個樂於學習的工作環境、一家節儉的公司，或是一個人人都工作到很晚的職場，除非你本來就會這樣做，不然你想要的文化絕對不會出現。如果企業文化是一套，你做的又是另外一套，那麼全公司只會跟著你一起做，而不是遵循你嘴上說的那一套。

協調文化與策略

管理學顧問彼得・杜拉克（Peter Drucker）說過一句很有名的話：「企業文化把營運策略當早餐吃。」這句話實在太棒了，我非常喜歡，但是我不同意。我喜歡這句話是因為它的涵義非常反菁英：管他高階主管說什麼，重要的是大家做了什麼。這個說法完全正確。我也喜愛杜拉克的觀察，他把文化提升到更高的思考層次。但是真相是，文化與策略彼此並不會互相競爭，誰也吃不了誰；事實上，文化或策略要有效運作，兩者必須一致。

成吉思汗的軍隊策略要求幾乎所有人都扮演相同的角色。成為能夠獨當一面的騎兵，所以他所追求的人人平等文化，完美吻合他的策略。夏卡・桑戈爾的策略則是建立比對手更小但更菁英的幫派，所以他打造出一個以夥伴情誼為基礎的文化，大型幫派根本無法仿效。

貝佐斯在擬定亞馬遜的長期策略時，其中一項關鍵就是更低價的商業模式，所以亞馬遜企業文化特別注意節儉的做法，這就顯得非常合理。

然而，要是在蘋果這樣以打造全世界外觀最漂亮、設計最完美的產品作為策略的公司，節儉就會成為生產力的絆腳石。老實說，當約翰・史考利（John Scully）以缺乏成本概念為部分理由開除賈伯斯時，他幾乎就要毀掉這家公司。並不是每一種美德都能適用於每一種策略。

如果你想要打造的公司策略，是以世界上創新速度最快而享有優勢，那麼臉書原本的座右銘「快速行動、打破規則」就很適合。但是，如果你是製造飛機的空中巴士公司（Airbus），這項座右銘就不是那麼適合。

請選擇能夠協助公司達成使命的文化美德。

注意次文化

如果我只要主張所有公司只需要塑造單一、一致而且沒有衝突的文化即可，這本書一定會更加簡練。但是，任何一家有規模的公司，在主要文化以外一定還有次文化。

次文化會隨著公司內部不同且獨特的部門而生成。不同部門的員工需要具備不一樣的技能組合，業務、行銷、人資與工程部門的人通常來自不同學校，主修科系也不同，而且人格特質也不一樣，自然就會產生不同的文化特質。

在科技業中，業務與工程部門之間的差異最明顯。如果你是工程師，你必須知道事物的運作機制。當你接到指令，要為既有的產品設計出一項新功能，你就必須精確的了解這項產品的運作機制，所以你得詢問編寫程式碼的工程師，讓他告訴你當初設計程式的思維，以及其中的元件如何互相協調運作。如果是以偏抽象、非直線性的方式溝通，或是不求精準的人，就很難融入由工程部門主導的組織，因為他們凡走過必留下漏洞。

如果你是業務人員，你必須知道真相。客戶有足夠的預算嗎？你在競價中是超前還是落後？在客戶的組織裡，誰會支持你、誰又會扯你的後腿？有經驗的業務喜歡說：「買家就是大說謊家。」這是因為，基於各種原因，買家並不會平白無故說出實際狀況。可能是因為他們還滿喜歡吃吃喝喝；可以利用你作為幌子，藉此在競價中取得好價錢；或者，他們就是很難直接說不。你必須效法《24反恐任務》（24）中傑克・鮑爾（Jack Bauer）拷問恐怖分子一般，盡力拼湊真相。在業務這一行，如果你把聽到的消息都當真，就沒辦法繼續做下去。

當你問工程師問題，他會出於本能給出很精確的答案。當你問業務問題，他則是會試圖了解，這道問題背後真正想要得到什麼樣的解答。如果顧客問：「你們有某項功能嗎？」一個好工程師會直接回答是或否，一個好業務通常不會這樣說，反而會先問自己：「為什麼他們要問這項功能？哪個競爭對手的產品有這項功能？或許，那家公司正想著要搶走我的生意，我需要更多資訊。」接著，業務就會這麼回答：「為什麼你會認為這項功能很重要？」

用問題回答問題會讓工程師發瘋，他們想要快速解決問題，才能回頭繼續工作。但是，要是工程師希望看到產品成功，也想要讓優秀的業務人員努力銷售他們設計出來的產品，好讓他們可以在持續營運的公司裡繼續上班，工程師就得容忍文化差異。

在一家運作良好的組織裡，工程師通常會因為產品設計優秀而得到獎勵，而不是因為這項產品最後帶進多少收入而得到獎勵，因為嚴峻的市場風險並不在工程師的掌控之中。優秀的工程師熱愛打造事物，也常常以寫程式為樂，做一些正職以外的案子，所以為他們創造出一個適合整天寫程式的舒適環境非常重要。能讓工程師感到舒適的環境，通常會有的特質是穿著隨意、早上很晚進辦公室、晚上甚至到深夜才離開公司等。

優秀的業務人員則比較像拳擊手。他們或許喜歡自己的工作，但是沒有人會在週末還把賣軟體當作興趣。銷售就像是職業拳擊賽，都是為了贏得金錢和競賽，沒獎勵就沒有比賽。所以，由業務主導的組織會專注在佣金、業績競賽、年度業務競賽，以及其他以獎勵為基礎的種種薪酬福利。業務人員對外代表公司，所以他們需要適當裝扮，在客戶準時現身前提早抵達會面地點。優秀的業務文化包含求勝、好鬥以及高額獎勵（而且是根據結果給予的獎勵）。

每一家公司都必須擁有通用的核心文化元素，但是如果想讓每個部門的文化都如出一轍，這代表你貶抑某些文化，是因為更偏好某些文化。舉例來說，「心念顧客」、「任人唯賢、無懼越權」還有「努力工作超越競爭」都是適用於全公司的文化；但是「穿著隨意」或「只在乎結果」通常比較適合次文化。

找到你想聘雇的員工特質

思考如何設計企業文化時，有一種方法可以派上用場，那就是轉為思考你想要找什麼樣的員工。你最希望員工能夠具備哪些美德？接著，根據你追尋的員工特質設定你的企業文化美德，這能加強一項重要的概念，也就是美德必須以行動為根基，而不是以信念為基礎；這個概念來自武士道精神。因為，請相信我，在面試時要假裝成擁有某種信念實在很簡單。但是，如果你是根據應徵者的能力做決定，不只可以徵詢他以前的雇主，甚至可以在面試時進行測試。

定義企業文化時，把聘雇標準列為其中重要的一環，這個做法再合理不過。因為你聘雇的員工將會決定你的企業文化，他們的行為比其他任何因素的影響力更大。Stripe創辦人暨執行長派崔克・克里森（Patrick Collison）告訴我：

說真的，我們最初聘雇的二十人大抵上定義我們最後成為這樣的企業，所以，「你想要什麼樣的企業文化」與「你想要聘雇什麼樣的人」在某種程度上來說，是同樣的問題。

Slack共同創辦人暨執行長史都華・巴特菲爾德說，當他根據想要的員工特質引導企業文化的方向後，公司開始出現大幅的改善：

我們的價值觀真的是絕無僅有，舉例來說，其中包含「趣味」和「團結」，但是這可不是一套有效的行動指南。所以我們試著找出可以讓員工工作為決策依據的方針。

然後，我想起某次和AdRoll業務部門主管蘇雷什・卡納（Suresh Khanna）談話時，他說到一件事讓我印象深刻。他說，找人的時候，他會找聰明、謙虛、努力工作又願意合作的人。

這就是我們需要的人才。這四項特質結合起來特別珍貴，如果只有其中兩項就會變成一場災難。要是我告訴你有一個人既聰明又努力工作，但是他不謙虛也不願意合作，就會讓人想起某種不太好的典型工作者。同樣的，要是這個人既謙虛又願意合作，但是他不聰明、也不努力工作，你知道這種人會是什麼樣子，當然也不會想要找他進公司。

他對於好員工或應徵者的條件標準，跟我們的標準比起來，可行性更高，畢竟，要在面試時評估對方多有趣味或是多團結，還真的有點難。所以，我開始尋找具備下列四種特質的人才：

一、**聰明**。聰明不代表高智商（雖然有也很棒），而是指樂於學習、看到好的做法就會採納的態度。我們要盡量把大部分的工作轉為慣例，這樣才可以把腦力與創意專注用在少數重要工作上。面試時，有一個好問題可以測試這種特質：「請告訴我，你最近學到什麼厲害的方法，可以把工作做得更好？」或者，你也可以問應徵者：「你曾經把哪些工作流程自動化？你曾經拆解過公司裡哪些作業流程呢？」

二、**謙虛**。我不是指溫順或是沒有企圖心，而是要像史蒂芬・柯瑞（Stephen Curry）那樣的謙虛。如果你謙虛自牧，人們會希望你成功；如果你自私自利，大家會想看你失敗。謙虛還能賦予你自我覺察的能力，讓你能夠真正學到東西、當個聰明人。謙虛就是這麼重要又根本。它也是必要的關鍵因素，可以促成我們在Slack想要看到的團隊合作。

三、**努力工作**。這可不是要你把工作時間拉很長；你可以回家照顧家人，但是當你在辦公室裡，就要當個有紀律、專業而且專注的工作者。你應該要有競爭意識、意志堅定、能隨機應變、復原力強、勇於接受挑戰，並且把這份工作當作機會，完成人生中最厲害的表現。

四、**願意合作**。這可不是要人順從聽話、畢恭畢敬，而且事實上還剛好相反。在我們的企業文化裡，願意合作代表能在各種方面上領導他人。例如，我會負責讓這場會議順利進行；如果缺乏信任，我會設法解決；如果目標不明確，我會想辦法處理。我們都有興趣要變得更好，每個人也應該對此負起責任。假設每個人都願意接受這個想法，並且相互配合，那麼大家就能一起為團隊表現負責。願意合作的人知道，表現不好的人會影響成功，所以他會幫助這些人表現得更好，或是和他們好好談談。這項特質只要有實例就可以說明，所以面試時你可以問：「請告訴我，你在前一家公司碰到低於標準的情況時，你是怎麼協助改善狀況？」

擁有以上四種特質強項的人，就是完美的Slack員工。

當你確立想要的員工特質後，要怎麼落實這套標準？亞馬遜的做法是挑選員工擔任「抬桿者」（bar raiser），*在面試時測試應徵者是否了解亞馬遜要求的領導原則，以及能不能適應企業文化。更關鍵的是，抬桿者不會來自聘雇團隊，也與應徵者沒有利害關係，他們的任務純粹只跟企業文化有關。重視這個角色可以帶來兩項好處：一、能建立嚴格的測試標準，確認應徵者符合企業文化；二、這一點也許更重要，這能讓每一位應徵者知道「在亞馬遜，文化至關重要」。

---

* 亞馬遜特有的聘雇制度，公司會派遣來自其他部門的同事擔任「抬桿者」，確認應徵者是否符合標準，甚至超過標準（所以才稱為「抬桿」，可以想像成在跳高比賽中幫忙把桿子往上移的人）。這能幫助公司找到更優秀的人才。

設計良好的一場企業文化面試，面試時間並不一定會很長。美國參數科技（Parametric Technology Corporation，簡稱ＰＴＣ）是一家電腦輔助設計軟體公司，他們有一套傳奇的業務文化。我在Opsware共事過的業務主管馬克・柯蘭尼是一個文化改革者，他就是出身參數科技，所以常常吹噓參數科技的銷售有多厲害。我聽到耳朵都要長繭，就問為什麼他們這麼厲害，他說：「我覺得，這要從面試說起。當時，我跟業務部資深副總經理約翰・麥馬洪（John McMahon）面試，他什麼都沒說就這樣過了大概五分鐘，然後問我：『如果我現在往你臉上揍一拳，你會怎麼做？』」

他說到這裡，我馬上大叫：「什麼？他想知道如果他往你臉上揍一拳你會怎麼做？這也太瘋狂了吧？那你怎麼說？」

馬克說：「我問他：『你是要測試我的智力還是我的勇氣？』麥馬洪回答：『都要。』所以我說：『這樣的話，你最好把我打昏。』他接著說：『你來上班吧。』就從那刻起，我知道我找到歸宿了。」

麥馬洪為什麼可以這麼快就做下聘雇決策？因為，這次短暫的交鋒讓他了解到，馬克是個符合企業文化關鍵因素的合適人選；他在十萬火急的狀態下依舊沉著、願意仔細傾聽、有勇氣挖掘問題背後的原因，並且具備最重要的能力：競爭意識。

做有意義的事，建立有力的文化

設計企業文化時，文化應該符合企業的特殊需求，但是，有一項因素是每一家公司都應該納入的條件。雖然沒有一家公司會把這項因素放進明文公告的企業價值觀裡，但是要打造一家成功的企業卻不能少了它。

不管在哪一家公司裡，員工常常會問自己：「我做的事能夠讓狀況有所不同嗎？它很重要嗎？能讓公司往前邁進嗎？會有任何人注意到我做的事嗎？」管理階層的工作當中，很大一部分就是要確保以上這些問題的答案都是：「是的！」

任何一種企業文化當中，最重要的部分就是「員工在意」，他們在意他們的工作品質、在意企業使命、在意要當個好員工，也在意公司要取勝。所以，決定企業文化成功與否的因素，有非常大一部分在於：在公司裡，要怎麼做才能獲得獎勵。是要注意工作品質？還是根本不用在意工作品質，只要為公司財務帶來更多進帳就好？每當員工努力工作以求改變或是提出新想法時，卻被官僚制度阻礙，或是得面對主管優柔寡斷、漠不關心的態度，文化就會因此受挫。每一次員工推動公司向前邁進而得到認同或獎勵時，文化就會不斷增強。

惠普在二〇〇七年併購Opsware後，我成為惠普軟體部門的總經理。身為中途加入的局外人，我在能力所及的範圍內，開始盡可能的與部門員工進行一對一面談。沒過多久，我發現一種模式：看來這家公司沒有人在乎這些員工做了哪些事。主管對員工完全不在乎，讓員工甚至連最簡單的問題都得不到答案，像是：「我可以聘雇這個人嗎？」「我可以挑選用來開發這套軟體的工具嗎？」或是：「頭頂的日光燈很刺眼，我可以換一個新的燈罩嗎？」

在惠普，人們會因為「不在乎」而得到獎勵。這家公司經歷過一連串殘酷無情的撙節政策後，雖然得到可觀的短期獲利，企業文化卻因此嚴重毀壞。很多員工「在家上班」，但實際上根本沒在工作。這家公司在二〇一〇年更換領導團隊時，新任執行長驚訝的發現，公司裡的椅子數量跟記錄上的員工人數相比足足少了一萬五千張，這表示有一萬五千人從來沒有進過辦公室，但是卻沒有人注意到這件事。然而，那些有來上班的人和努力工作的人，卻被優柔寡斷的管理階層，以及更多撙節措施給懲罰。

我還記得，當時我這麼想，假如我連這些簡單的問題都無法做決定，那其他人幹嘛來上班？所以，我向部門裡數千名員工承諾：「如果你碰到問題需要決定，卻無法從主管那邊得到答案，把問題送到我這裡來，我會在一週之內給你答案。」這一個小小的舉動，卻觸發最優秀的員工立即改變態度，短短幾週內，我們的文化從「不能做」變成「可以做」。

我很想告訴你這個做法最後促成惠普再生，但是事實上並沒有。由於擔任過幾年的執行長，我發現我已經沒辦法在任何人底下工作，所以不到一年我就離開惠普，這家公司後來變成你們現在看到的樣子，必須被拆成幾家小公司才能夠重新展現生機。

如果你的組織無法做出決定，無法快速通過新方案，或是該領導時卻無作為，那麼無論你聘雇多少厲害的人才，或是你花費多少力氣定義文化都沒有用。你的企業文化會被漠不關心所定義，因為你獎勵那樣的行為。如果我很努力工作，隔壁同事什麼也不做，但我們對公司的影響完全一樣，那麼很明顯她的做法才正確。

讓文化美德發揮作用

很多可行的文化因素都太過抽象，所以很難產生效果。如果你定義「正直」作為文化美德，你能不能說明清楚員工應該如何實踐這項美德？如果出現衝突，正直代表要謹遵承諾、按時程完成產品開發，還是應該符合顧客期待、提交有品質的產品呢？

如何讓美德發揮效果，下列是幾種思考方向：

- **這項美德可以實踐嗎？**根據武士道精神，文化不是一套信念，而是一套行為規範。如果把這項文化美德轉譯成行為，那會是什麼樣的行為？舉例來說，你能夠把「同理心」轉化為行為嗎？如果可以，那麼「同理心」就可以成為你的文化美德。如果不行，最好選擇其他美德來設計文化。
- **這項美德能夠凸顯你的企業文化嗎？**並不是任何一項美德都能讓你的公司獨一無二，如果產業裡每家公司都有一樣的美德，那也沒有必要特別強調它。如果你們是一家矽谷公司，就不需要把隨意穿著當成美德，因為這已經是業界的慣例。

但是，如果你們是一家科技公司，而你要公司裡每個人都穿西裝打領帶，那麼這項美德就會定義你的企業文化。

- **如果你接受這項美德的測試，你能通過測驗嗎？**

Okta執行長陶德・麥金能（Todd McKinnon）剛上任時，就曾經面臨挑戰，測試他是否具備公司最重要的那項文化美德。

在二〇〇九年創辦Okta前，麥金能是Salesforce的工程部副總經理。Okta的客戶是把應用軟體服務移動到雲端的公司，Okta專門負責提供安全認證服務。當時，在雲端上執行應用軟體還是個新觀念，但是看到Salesforce爆炸性的成長，麥金能認為，未來還會有更多應用軟體移植到雲端上，像是行銷自動化軟體、法律軟體、顧客支援服務軟體等。使用雲端服務的公司將會面臨棘手的挑戰，他們必須管理員工在數百套系統上的活動，但是公司卻不擁有任何一套系統。當你開除一名員工後，你要如何確保他在數百套系統上的存取權已經被取消？這正是Okta想要解決的最源頭的問題。

客戶必須信任Okta能幫忙管理所有員工存取數百、甚至數千套系統的身分驗證資訊。假如Okta系統停止運作，即使只是為了維修而停機，員工就無法存取重要的資訊。更糟的是，假如Okta遭到駭害入侵，他們所有的客戶也同樣會被駭。Okta必須取得客戶完全的信任才能夠取得成功，麥金能必須讓正直成為文化的核心。

但是，Okta是一家新創公司，任何一家新創公司的首要文化美德，就是不惜一切都要活下來。創立大約三年後，Okta開始遇到問題；當時他們已經連續七次無法達成財務目標，非常需要募資，與索尼的一筆大交易將左右當季的成敗關鍵。好消息是，雙方已經在洽談當中；但是，壞消息是，Okta的業務代表承諾索尼，會在幾個月內提供「內部部署使用者服務供應」（on-premise user provisioning）的功能，讓索尼可以在辦公大樓內運作這套軟體，並且把使用者放進系統中。事實上，Okta在幾年內都不打算建置這項功能。索尼並沒有要求簽署合約，確保近期會提供這項功能，但是他們要麥金能的承諾。坦誠告訴索尼這件事是聰明的做法嗎？還是應該挽救公司才對？這項功能對索尼來說有這麼重要嗎？重要到必須先警告他們這項功能會晚點才提供，而且即使Okta會因此有裁員的風險、甚至更慘？

「我知道如果我撒點小謊，就可以拿到這筆生意，」麥金能回憶起當時的狀況：「但是，我也知道從業務代表到工程部的每一個人，都會知道我做了那件事。然後，他們就會認為小謊言可以被接受。我很希望可以說要做出抉擇非常簡單，但是那真是個困難的決定。最後，我沒有做這筆生意，因為我知道長期來看這會變成致命的決定。不過，更可能是因為我不想說謊。」

他選擇讓公司承擔風險，而不是冒險毀壞文化，在這個案例裡，結果非常成功。即使Okta連續七次業績沒有達到標準，柯斯拉創投（Khosla Ventures）依然大膽下注，為Okta的下一輪募資挹注資金。在我寫作這本書的同時，Okta的市值近一百五十億美元，並且成為最重要的雲端身分識別服務公司。而且，到目前為止，Okta從來沒有被駭客入侵，系統運作時間更是盛名遠播：已經運作四年還沒有停機過。

不過，麥金能的決定也很有可能斷送公司的前程，如此一來，不會有人記得Okta或是他所展現的勇氣。

請記住，你的員工會用你的文化美德測試你，不管他們是有意還是無意的，所以，在你把美德放進企業文化前，先問自己：「我願意通過這項測試嗎？」

第 9 章

極端案例與震撼教育

你充滿敵意，但這是我的權利，
我的同胞遭到迫害

—— 全民公敵（Public Enemy）

為了徹底掌握企業文化的運作方式，我們必須檢視文化無法發揮效果的棘手狀況。在尚未開拓的邊疆地帶，企業文化原則通常會出問題，不然就是產生反效果。為什麼做這麼多對的事反而變成壞事？在什麼狀況下，遵從某一項原則卻可能違反另一項原則？為了生存，可以違反文化原則嗎？文化規範有可能不再適用，必須移除嗎？

「心念顧客」的陷阱

許多公司都試著落實「心念顧客」的企業文化。他們想要知道顧客想要什麼、渴望什麼，以及對什麼東西會產生衝動，然後他們就可以無所不用其極的滿足這些欲望。諾斯壯百貨（Nordstrom）與麗池卡爾登酒店（Ritz-Carlton）就是靠著這套方法建立名聲。「心念顧客」是非常偉大的價值觀……直到它不再有價值為止。對於手邊產品應該具備哪些功能，顧客的確很有意見；但是，對於還沒有問世的產品，他們的看法就變得模稜兩可，甚至根本沒有想法。

行動研究公司（Research in Motion，簡稱RIM）在一九九九年創造出黑莓機，* 並且在距離矽谷非常遠的加拿大滑鐵盧市（Waterloo），打造出以產品為基礎的強大文化。他們比任何人都更了解顧客，也知道行動裝置使用者最在意電池壽命與鍵盤速度。這家公司也知道，決定採購的資訊科技部門很在意安全，也在意產品與現有系統的整合性。所以，他們投注所有精力，把這些功能的品質推展到極致，因而得以叱吒市場好一陣子。

然而，偏執專注於顧客需求的文化，卻讓這家公司完全忽視蘋果iPhone的崛起。為什麼會這樣？因為行動研究對於公司的市場地位有信心，當iPhone第一次出現在市場上時，不只電池續航力很糟、鍵盤功能相當可笑、也沒有整合任何一套系統；此外，對於資訊科技人員來說，iPhone的資安管控功能更是笑掉他們的大牙。誰會想要用這種東

＊ 行動研究公司創立於一九八四年，於二〇一三年更名為黑莓公司（BlackBerry Limited）。

西？如此輕忽、缺乏想像也缺乏文化彈性的態度，導致行動研究（現在更名為黑莓公司）的市值從八百三十億美元縮減到只剩五十億美元。

必要時得打破規矩

文化規範通常會變成過度膨脹的聖牛，每個人踮著腳尖在旁邊繞圈圈、努力膜拜，然後這些牛還會摔倒、壓到你身上。策略會演進、環境會改變、你會學到新事物，所以當這些狀況發生時，你就必須改變企業文化，不然會被舊規矩牢牢的箝制住。

我們創辦安霍創投時許下一個特別的承諾，後來成為我們企業文化的基礎。我們保證，如果我們挹注資金給你，派遣到你們公司擔任董事的普通合夥人，之前一定是重要科技公司的創辦人或執行長。會設下這樣的合夥人條件是因為，我們堅決要成為科技公司創辦人的最佳合作夥伴，但是這些新產品的發明者可能都缺乏管理經驗，而我們可以幫助他們學習成長為優秀的執行長。

為了實現承諾，我們同時建立起一個強大的執行長人脈平台，將這些創辦人與資本市場、人才、大公司客戶以及媒體接上線。我們讓公司裡的人都清楚知道，要建立一家公司得經歷什麼樣的掙扎。

此外，我們嚴格落實對待創業者的規範，例如準時到場開會、即使決定不投資也要好好解釋原因，以及無懼造成關係緊繃、坦然表達我們的顧慮等。為了言行一致，安德森和我還立下規定，不拔擢公司內部員工成為普通合夥人。這種做法在當時再合理不過，畢竟其他公司的創辦人或執行長，不會對我們公司合夥人以外的職位感興趣，所以，即使我們要拔擢內部員工成為合夥人，他們的工作背景也不符合資格，會讓我們違背對客戶的承諾。

但是，隨著安霍創投成功打響名號，我們的想法也開始改變。我們發現，在創業者眼中，我們的價值不單單只有提供建議，更重要的價值是我們能夠讓他們加入人脈網路，與大公司、資本市場、媒體連結，並且協助他們找到高階經理人與工程師人才。此外，曾經擔任過執行長的部分合夥人有自己的企業文化看法，他們的觀點很難和我們建立的企業文化共存。畢竟，他們很習慣公司是繞著自己運轉，而我們則是讓公司繞著創業者運轉。

與此同時，公司裡資淺的同事已經完全認同企業文化，並且成為最優秀的文化推廣者，但是其中有一些人卻開始離開公司。我們不提供員工成為合夥人的機會，不但讓我們失去最優秀的年輕人才，也失去最有力的文化傳道者。當年，我們為了加強文化而設下這項規定，還把它當成招牌努力行銷，我甚至寫進上一本著作《什麼才是經營最難的事？》，然而這項規定正在摧毀企業文化。

公司裡很多人都知道，這項規定變得具有破壞性，但是他們從來不跟我說，因為我公開的把這項規定跟自己綁在一起。直到二〇一一年我們聘雇了一位年輕的分析師陳梅陵（Connie Chan）後，我才發現這個問題。跟她面試完以後，我馬上請助理蜜涅瓦（Minerva）把人才招募經理法蘭克（Frank Chen）找來。

法蘭克：你覺得如何？

本：她絕對可以勝任這份工作。但是問題是，她想做嗎？

法蘭克：什麼意思？她都來面試了。

本：她比你想的還要有企圖心。

法蘭克：什麼意思？

我直直盯著法蘭克說：「確保你隨時把她的碗裝得滿滿的，因為大狗得吃飯！」法蘭克以一個看著瘋子的眼神看著我，但他還是提供陳梅陵非常多挑戰機會。這是我非常欣賞法蘭克的一項特質，他總是能夠接受荒謬的指示，還可以好好的執行。

為什麼當時我說得這麼不清不楚？這是因為我在陳梅陵身上看到一項我幾乎從來沒有見過的特質。從她完整又全面的回答各式各樣的問題、猶如外科手術般精準的剖析公司，以及沉著自信的態度，我能看出她追求卓越的超級堅決態度，她就是要有所成就。我看到了，但我不能說。

我不能說，因為我感受到一股立即的衝突，來自她不可抗拒的魄力以及公司不拔擢內部員工的規矩之間的矛盾。如果我們無法拔擢陳梅陵成為普通合夥人，她最後就會走人。這些年來她不斷進步，成功完成好幾個特別顯目的案子，如Pinterest與LimeBike，但我只能想到她最後離開我們的那一天。不過，我還是沒想到要改變規定，因為，規定就是規定。

有一天，我們在檢視合夥人候選名單時，一位合夥人傑夫・喬丹（Jeff Jordan）說：「我會想要選陳梅陵，而不是這些人。」我說：「但是她不符合條件。」在場所有人都陷入沉默，而沉默之下卻是波濤洶湧。文化就是行動，但是如果我們動彈不得，那麼就是時候必須換上新行動了。我們在二〇一八年拔擢陳梅陵為合夥人，她接下來的表現所向披靡。

企業文化規則並不會總是清楚又明確。幾年前，我曾經與一位年輕的執行長一起工作，他強烈信奉他的企業文化，對他來說，評量員工時，員工對企業文化的狂熱程度比績效表現還要重要。有一天，他跟我說，他想要進行人事調整，他說：「我的行銷長席拉是個非常棒的人，也是我們公司最棒的文化領導人，但是，很不幸的是，她來自不同的專業背景，無法好好掌握我們的市場。這不是她的錯，我們現在所處的市場跟當初設想的市場也不一樣。我的計畫是，找一位熟悉這個領域的行銷長，然後讓他管理席拉。」

我回他：「席拉有多少股權？一％還是一・五％？」

「一・五％。」

我接著說：「如果你是公司裡很優秀的工程師，手上有公司〇・二%的持股，然後你發現行銷長底下有位員工持有一・五%的股權，你會怎麼想？這樣做對你的企業文化會有什麼影響？」

他皺起眉頭，然後提議：「如果我拿回部分股票呢？」

我說：「既然她原來的股權方案是合理的福利，你想你這麼做她會有什麼感受？你能夠期待她會繼續當個好的文化領導人嗎？」

他當下就理解到，他為了保存文化所下的一連串扭曲指令，終究會毀掉企業文化。所以，他最後做出一個艱難卻必要的決定：解僱席拉；不過，他為她的下一份工作提供了一份閃閃發亮的推薦信。

當企業文化與董事會出現衝突

我認識一位創業者，我都叫他弗雷德（Fred），他曾經經歷過董事會與企業文化產生衝突的兩難情境。弗雷德試著要把信任價值觀植入企業文化，這是每一位執行長都該做的事。他知道，一旦沒有信任，員工就無法做事。然而，他卻違反信任原則，沒有事先告知董事會就對一位高階主管許下承諾。於是，他寫信給我：

小本：

我希望你可以幫我解決一個問題。我之前口頭答應過一位高階主管，會在下一次募資之後給他更多股權，但是新加入的投資人不願意我這樣做。這位董事提出的反對理由很合理，因為這位主管享有的股權已經高過九〇%同職位的高階主管，就因為下一輪募資會稀釋股權而給他額外的補償，這樣做並不合理。我同意他的看法，而且也知道這樣做才對，但是我很介意必須推翻原先的口頭承諾。我已經學到教訓，不會再輕率許下承諾，但是有沒有任何建議可以改善現狀呢？

祝好，

弗雷德

這是個非常棘手的狀況。沒有事先與董事會討論，就承諾高階主管薪酬福利，而且還稀釋其他股東的股權，這種公司治理方式非常糟糕。更糟的是，弗雷德等於是提議要稀釋新加入的投資人的股權。從另一方面來看，如果你把無法實踐諾言的原因歸咎於董事會，不但會對這位高階主管造成負面影響，也會連帶影響到這位主管訴苦的對象。該怎麼做？我的回信如下：

弗雷德：

我會對董事會這樣說（或是使用類似的說法）：

我非常了解，也同意我們不應該在每一次遇到股權稀釋的時候，都幫員工增加薪酬福利。就股權稀釋這件事而言，我、公司員工和投資人都應該坐在同一條船上，然而我這次的做法卻偏袒了其中一方，這在管理方式與公司治理方面都是非常不好的榜樣。

更何況，在這次的案例中，這位高階主管已經拿到相當不錯的薪酬福利了。

不過，跟這位主管對話的人是我，我必須很清楚的讓各位知道，我們的談話不是一般的日常閒聊，或是討論未來的可能性；我給他的是一個承諾，我很明白的承諾他會拿到更多股權。我知道我做錯了，尤其是我沒有先跟董事會商量，但是我就是做了。

這件事很重要，我希望各位都能夠理解，這家公司是根據我的言語與承諾作為營運基礎。我對公司聘雇的每一位員工承諾，我們是一家這樣子的公司、未來我們會變成那個樣子；我對每一位在職員工承諾我們會有機會成功；我對客戶承諾我們會提供什麼樣的服務。公司裡每一位高階主管與員工，都是不斷重複落實我的每一個承諾，而且我們是因為需要才會做出這些承諾。如果員工不能相信我會落實我所說的話，我就無法建立公司，因為我需要公司裡的人可以按照我所說的去做。

如果我對我最寶貴的員工都不能遵守承諾，我就是在破壞公司的信任文化，把公司的營運陷於風險之中。不過，我也知道保護股東非常重要，所以我提出以下方案：一、發行額外的股票，讓其他高階主管得到的股票比例因而降低；二、如果你們不相信我會照實執行第一個方案，那麼請董事會同意我轉移個人的股票給那位主管。這件事對我來說就是如此重要。

祝好，

本

弗雷德按照我的建議去做了，但是這位新董事堅決不讓步，董事會也拒絕配合，最後，這位高階主管主動請辭了。

這樣的結果令人失望。但是對弗雷德來說卻充滿教育意義，他學到不管是在公司裡還是在董事會裡，都必須建立正確的文化。說老實話，這位新投資人根本不在乎企業文化，卻只在意要展現他的堅決強勢；然而，企業文化卻能夠幾乎完全決定他這筆投資的未來走向。如果讓這位投資人繼續擔任董事，未來還會出現更多問題，所以弗雷德回絕了這筆投資。後來，他的公司依然持續成長，儘管滿身是傷，但也變得更強壯。

企業文化崩壞的三種跡象

要判斷你的企業文化是否已經崩壞非常困難。要是員工可以告訴你，那就太棒了，但是：一、他們需要提起勇氣才能做這件事；二、抱怨的人必須是適應企業文化的人，不然他們的抱怨其實根本就是讚賞（因為企業文化有效發揮影響力，抱怨的人不適應這樣的企業文化才會抱怨）；三、大多數關於企業文化的抱怨都太過抽象，沒有提出有建設性的意見。大多數員工的抱怨（通常還是匿名的抱怨）差不多都是「我們的企業文化有問題」或是「我們沒有落實文化」，他們的抱怨可能確有其事，但是並沒有提供任何細節。

所以，你要怎麼知道企業正在偏離軌道？下列是幾個跡象：

- **不該辭職的人提辭呈的頻率變高**。員工離職很正常，但是如果不該辭職的人用不對的理由離職時，就代表改變的時刻到了。如果公司業績蒸蒸日上，但是員工流動率還是比業界的平均值還要高，就是企業文化有問題了。如果提離職的人剛好就是你想要留下來的人才，那就是更糟的跡象了。或是如果你以「文化契合」為由招募進來的員工無法感受到歸屬感，這特別是個壞徵兆。畢竟，你根本是用自己沒有的企業文化特質在挑選員工。

- **你無法判斷事情的優先順序**。舉例來說，當針對顧客服務的客訴蜂擁而至時，你把改善客服當成公司的第一要務。六個月後，顧客滿意度略微提升，但是基本上來說還是很糟糕。這時，你可能會天真的判斷是顧客支援系統出問題，你得開除客服部門的主管。但是，與顧客滿意度相關的因素是從產品開始、接著是業務與行銷部設定的期望值，最後才是顧客支援。所以，你面對的很有可能是文化上的問題：在你的公司裡根本不獎勵讓顧客開心的人。為什麼？因為整個體制獎勵的是設定產品時程表的人、達成銷售目標的人，或者是做出廣受好評的行銷計畫的人。不解決文化上的問題，你就永遠無法解決顧客不開心的問題。
- **員工做出讓你震驚不已的事情**。還記得我在作者序提到的那位說謊成性的中階主管索頓嗎？當我發現我們的公司員工認為說謊也沒關係的時候，真的是嚇壞了。

為了導正視聽，我必須開除索頓。但是，即使如此，人們一直看著他不斷說謊卻還得到拔擢，所以這件事帶來的負面影響持續了好幾年。如果你不謹慎處理，真相就會演變成羅生門、大家各有各的詮釋。一旦跨越界線，我們對事物的定義就會模糊不清，接下來的狀況將難以收拾，舉例來說，有些員工提議將非保障合約列為預定收入。如果當時我像現在一樣有經驗、知道該怎麼做，我會立刻使盡全力重新塑造文化，而且我不只會開除索頓，還會立下一項讓人震撼的規定，或是創造一個讓人難忘的事件。因為我要每天都能提醒大家這個教訓：「如果你對同事說謊，你會被開除。」

如果你的員工的行徑讓你無法置信，那是因為你的企業文化全盤接受他的所作所為。

震撼教育

震撼教育是最能夠有效塑造與改變文化的方法。這套做法與震撼規則看似相同，但是震撼規則的目的在於，促使人們發問為什麼有這條規則，所以並不需要發生任何實際狀況就可以讓規則發揮影響力。

但是相反的，震撼教育卻是在不好的事情發生後，你所採取的非常強力、有效警告，藉此快速導正文化、確保不會再重蹈覆轍。《孫子兵法》的作者孫武充分掌握震撼教育的精髓，古代偉大的史學家司馬遷寫下孫武的應用方法：

孫子武者，齊人也。以兵法見於吳王闔廬。闔廬曰：「子之十三篇，吾盡觀之矣，可以小試勒兵乎？」對曰：「可。」闔廬曰：「可試以婦人乎？」曰：「可。」於是許之，出宮中美女，得百八十人。孫子分為二隊，以王之寵姬二人各為隊長，皆令持戟。令之曰：「汝知而心與左右手背乎？」婦人曰：「知之。」孫子曰：「前，則視心；左，視左手；右，視右手；後，即視背。」婦人曰：「諾。」約束既布，乃設鈇鉞，即三令五申之。於是鼓之右，婦人大笑。孫子曰：「約束不明，申令不熟，將之罪也。」復三令五申而鼓之左，婦人復大笑。孫子曰：「約束不明，申令不熟，將之罪也；既已明而不如法者，吏士之罪也。」乃欲斬左右隊長。吳王從臺上觀，見且斬愛姬，大駭。趣使使下令曰：「寡人已知將軍能用兵矣。寡人非此二姬，食不甘味，願勿斬也。」孫子曰：「臣既已受命為將，將在軍，君命有所不受。」遂斬隊長二人以徇。用其次為隊長，於是復鼓之。婦人左右前後跪起皆中規矩繩墨，無敢出聲。於是孫子使使報王曰：「兵既整齊，王可試下觀之，唯王所欲用之，雖赴水火猶可也。」吳王曰：「將軍罷休就舍，寡人不願下觀。」孫子曰：「王徒好其言，不能用其實。」於是闔廬知孫子能用兵，卒以為將。西破彊楚，入郢，北威齊晉，顯名諸侯，孫子與有力焉。*

這個故事聽來超級不近人情，為什麼要殺死嬪妃？他們根本不是士兵，聽起來很不公平。但是，不公平就是孫子能夠塑造理想文化的關鍵。他清楚知道，這麼殘酷無情的故事會傳遍國內，再也不會有人搞不清楚狀況，軍令在前還敢嘻笑。這很重要，因為孫子非常了解，戰場上只要有一個士兵不守紀律，代價就是全盤皆輸。他需要上至君王、下至嬪妃都清楚明白遵守的文化，並且以一堂讓人毛骨悚然的震撼教育來達到效果。

如果你的公司正面臨存亡關頭，你可能會需要採取類似的不公平震撼教育。舉例來

＊ 出自《史記・卷六五・孫子吳起傳》。白話文如下：

孫武是春秋戰國時代齊國人，著作《孫子兵法》為吳王闔廬所知。闔廬對他說：「你的十三章兵法我都看過，可以請你實際操兵略微演練嗎？」孫武回：「當然可以。」

闔廬問：「可以讓婦人充當士兵嗎？」孫武表示可以，便召集宮中一百八十位美女，孫武將她們分成兩隊，由吳王的兩位寵妃出任隊長。孫武命令這些美女拿起戟，他問：「你們可知前後、左右的差別？」美女回答：「知道。」

孫武接著說：「當我說『向前』，你們一定要眼光直視前方；當我說『向左』，你們就要面向左邊；當我說『向右』，你們必須面向右邊；當我說『向後』轉，你們則要轉向後方。」

美女皆回答：「是。」解釋完號令後，孫武擺置好斫刀和大斧，對她們三令五申告誡後開始操兵演練。孫武擊鼓下令「向右」，但美女群中爆出笑聲。孫武便說：「如果軍令不清、指示不明，這是將軍的錯。」

於是他再次三令五申解說過一遍後，改為下令「向左」，美女群又爆出笑聲。孫武便說：「如果軍令不清、指示不明，這是將軍的錯；但如今軍令、指示皆清楚卻不見士兵遵從，那就是軍官的錯誤了。」

於是，他下令斬首兩隊隊長。吳王在台上觀看，眼見兩位愛妃要被行刑，他趕快下旨傳令：「寡人已知將軍用兵之才，若失去兩位嬪妃，我將食不知味，請不要斬首她們。」

孫武回覆：「臣既然已受命為將，身在此位，君命便有所不從。」

隨後，兩位嬪妃遭斬首，孫武任命位階次高的嬪妃繼任隊長，並且再次擊鼓發令。這次，無論是向右向左、向前向後、還是跪下起立，美女都精確的執行指示，也不敢發出任何聲音。孫武便派人呈報吳王：「軍隊已操練完成，準備好接受您的檢閱、為您所用，任何命令，即使赴湯蹈火，他們將在所不辭。」

但是吳王只回：「將軍請停止演練返回軍營吧。寡人無意下台檢閱。」（接三〇一頁）

說，公司裡有一個惡質的業務員與客戶私下締約，合約載明銀貨兩訖後交易結束，他私下簽訂的附約卻容許客戶在交貨後的三個月內隨時退還產品。業務員並沒有知會財務或法務部門有關附約的事情，因此財務部將這筆交易列為收入，反而變成公司作了假帳。因為一旦將銷售列為收入，就不能再轉成其他會計科目了。

你該怎麼做？你當然必須開除這個業務員，並且提報更正這項會計錯誤，但是這會改變文化嗎？如果你不改變文化，這樣的行為最後可能會殺死你的公司，但是很少有公司在經歷一連串的失誤後還能存活。文化上，最好採取孫子的方法：不只要開除業務員，還得開除他的主管、主管的主管等人。儘管業務部主管都知道，他們在法律上必須為部屬的行為負責，連坐式的開除一堆人還是會對某些人不公平。不過，在這種情況下，執行長得採取孔子的思維，以多數人的需求為重，這麼一來，這堂震撼教育會讓全公司的人明白：在這家公司裡，我們不會做任何違法的事。

然而，如果業務人員只是告訴客戶產品將會新增某項功能，但是事實並非如此，不過業務員也有沒有在法律上保證推出這項功能。那麼，你應該訓斥或開除這個業務員，但不需要株連九族、連他的主管一起裁撤。

處理四種文化破壞者

在《什麼才是經營最難的事》書裡，有一個小節是在討論「聰明員工反成老鼠屎，怎麼辦？」，原本，你認為這些員工很棒，進入公司後他們卻變成文化破壞者。有三種類型的老鼠屎，你或許都應該開除他們，下列摘錄整理我在前一本書提過的想法；此外，最後還有一種更有問題的極端案例。

一、反骨派

每一家公司都需要許多聰明積極的員工找缺點，協助公司改進。但是，有些員工找問

（接續二九九頁）

孫武知悉後說：「王只喜紙上談兵，無法實際用兵。」至此，闔廬知道孫武善於用兵，最終任命為將。孫武後續為吳國往西攻克楚國、取其首都郢；往北震懾齊、晉兩國，在春秋諸侯各國中聲名遠播。孫武大力協助吳國奠定威名。

題不是為了要解決問題，反而是為了自己打算、到處找碴。他們尤其愛四處宣傳，說公司沒救了，當家的都是一群笨蛋。這種類型的員工愈聰明，他的行為就愈有破壞力，因為同事很可能會聽他的話。他還會說服積極、有生產力的員工跟著他一起興風作浪、號召群眾加入，他們會質疑每一項管理上的決策、破壞信任關係，讓你的企業文化分崩離析。

聰明員工為什麼想要破壞自己工作的公司呢？

- **他手中無實權**。他覺得無法接近權力核心，只能靠怨東怨西讓其他人知道真相。
- **他天生愛唱反調**。有時候，這樣的人當執行長比當員工更好。
- **他思想幼稚不成熟**。管理階層不可能掌握公司營運的每個小細節，但是這種人沒想過這點，因此他一看到問題就認為都是上面的錯。

要讓反骨派回心轉意很困難，他們一旦公開表態，巨大的社會壓力會逼迫他們不能認錯。當他們已經到處跟好朋友說執行長是全天下最笨的蠢豬，這時要是自打嘴巴，恐怕下次沒有人會再相信他，而且大多數人絕對不願意讓自己的名譽掃地。

二、怪咖

有些員工才華無法擋，做事卻完全不可靠。我們在Opsware時期曾找過一位公認的天才工程師，我們姑且叫他羅傑。羅傑負責的領域很複雜，普通新人要三個月後才會完全上手，但他兩天就進入狀況。所以，他到職第三天我們交付他一項專案，預計一個月後結案，沒想到他三天搞定，而且品質幾乎毫無瑕疵。值得一提的是，他這三天是整整七十二小時都在馬不停蹄的工作，沒睡覺也沒休息，無時無刻都在寫程式。加入公司三個月後，他就成為最佳員工，我們也立刻拔擢他。

萬萬沒想到，羅傑這時候突然變了一個人，連續幾天沒來上班，也不事先打電話請假，之後更是好幾週不見人影。等他終於現身時，他雖然一再道歉，翹班行為還是沒有改善。此外，他的工作品質也變差，擺出一副無所謂的樣子，整個人心不在焉。明明是這麼有潛力的員工，為什麼變得如此失控，我怎麼也想不透。他的直屬主管想開除他，因為團隊已經無法再信賴他，但被我拒絕了。我知道羅傑還是當初那個天才，我希望能重新把他找回來，只可惜情況依舊沒有改善。我們後來發現，羅傑除了有躁鬱症，還有兩個嚴重的用藥問題：一、他不喜歡吃藥治療躁鬱症；二、他吸食古柯鹼成癮。我們最後請他走人，即使到現在，我一想到他可能對公司造成的影響，還是不免覺得心痛。

員工之所以出現怪咖行徑，背後的問題通常很嚴重，可能是個性自暴自棄，可能有毒癮問題，也可能是偷偷兼差。在企業文化上會出現的問題是，如果團隊仰賴怪咖，而且任憑怪咖為所欲為，那麼團隊裡任何一個人都會認為自己也可以當個怪咖。

三、王八蛋

這類型聰明的老鼠屎員工出沒在公司各個階層，但如果出現在高階主管當中，殺傷力最大。有時候，高階主管難免像個蠢貨、智障或混蛋，或是各式各樣難聽的說法。但是我必須承認，用非常不禮貌的方式說話，可以把訊息傳遞得更清楚，或是強調重要的教訓，只不過我這裡講的可不是那些不客氣的主管。我說的是那種總是找機會攻擊人的主管，愈是針對個人攻擊，他們愈開心。

高階主管如果總是淨做這種蠢事，會嚴重損害公司。公司愈做愈大之後，溝通絕對是最大的考驗。如果你的公司裡有一個一直在發火的王八蛋，溝通將變得更加困難，只要有他在，就沒有人要說話。假設這個人是行銷部副總監，每次聽到有人提出行銷部的問題，他就立刻把砲火集中在對方身上，這樣以後誰還敢發問相關問題？

久而久之，只要有這種王八蛋在場，大家乾脆都默不作聲，最後公司也就愈來愈退步。但值得注意的是，會發生這種情況，前提是這個主管的工作表現很優異，否則他再怎麼抨擊別人，大家也懶得理他。正所謂小狗咬人沒感覺，大狗咬人才會痛。如果你的經營團隊裡有這種大狗，導致大家無法溝通，只好把牠送進收容所。

四、狂暴先知

有時候，你也會碰到一些讓你想要改造的極端員工，其中一種特別的老鼠屎員工類型我稱為「狂暴先知」（Prophet of Rage），藉此向全民公敵（Public Enemy）的《狂暴先知》這首歌致敬。* 這些先知的生產力相當高，意志堅定不撓，沒有他們無法克服的

---

* 全民公敵是活躍於美國一九八〇年代後期至一九九〇年代的嘻哈饒舌界超級巨擘，至今仍在活動中。他們的歌詞充滿政治批判，不只傳遞知識，也為黑人的革命指出正確的道路，並且於二〇一三年入選搖滾名人堂。

障礙或是無法解決的問題，而且他們為了達成任務不在乎惹毛任何人。這些人被戲稱為玻璃擊碎破窗器、牛仔、爛人或是王八，而且他們真的是混蛋，但是你通常不想趕他們走。畢竟，誰能夠完成這麼多高品質的工作呢？你只希望他們能夠更好相處。

這些先知相當自以為是，你根本不可能跟他們討論怎樣做才對，因為他們深信只要是他們做的就一定對，其他人都是錯的。

這些人的成長背景通常完全不符合典型的聘雇條件。他們多半來自貧窮的成長環境，在「錯的」學校就讀，或是宗教、性向或膚色「不對」。總之，他們的成長背景脫離主流，因此他們相信別人總會另眼對待，所以必須以命相搏才能證明自己的價值。不過，我不是說每一個來自類似成長背景的人都是狂暴先知，而是狂暴先知通常來自這樣的背景。

這些員工就是企業裡的大規模殺傷性武器（WMD），威力強大卻也極度不穩定。你要怎麼預防他們摧毀你的企業文化，甚至是毀掉整間公司？

管理狂暴先知時，請務必記住一件事，他們通常擅長批評，但不善於接受批評；他們會一方面把同事罵得狗血淋頭，另一方面卻被一句微詞惹得深陷情緒風暴。大多數的主管無法忍受這種行徑，一看到類似狀況馬上放棄溝通，所以也因此錯過與優秀員工共事的機會。

狂暴先知都是完美主義者，他們認為自己與周遭的人都應該完美、毫無瑕疵，當他們看到低於標準的工作表現或是思維，就會馬上暴怒。然而，他們面對批評時不只會出現劇烈反應與自我保護行為，也可能變得膽小又畏縮。因為他們總是奉獻全部心力，要拿出最好的工作表現，所以任何針對他們的負面評語都會被視為對個人的批評。此外別忘了，先知的成長背景很容易讓他們認為你就是不喜歡、不要他們。

以下是管理狂暴先知型員工的三大關鍵：

一、**不要批判他們的行為，而是要針對行為產生的反效果給予回饋**。如果你說「不要在會議裡對人大呼小叫」，這句話聽在狂暴先知的耳裡會變成「『你』不要在會議裡對人大呼小叫，但是其他人可以為所欲為，因為我就是針對你來。」這時，你要改變做法，說明別人會怎麼解讀他的行為：「你有一項非常重要的任務要完成，但是當你對安迪大吼他的團隊幫倒忙時，他並不會因此更盡力協助你解決問題，反倒會因為你公開讓他難堪而想要回敬你。你的方法完全沒有達到效果。」狂暴先知一開始會因為批評而大為惱怒，接著他會了解到你是對的，最後他會極力試圖修復這個問題，畢竟他是個完美主義者。

二、**請了解你無法讓狂暴先知轉性**。無論你多有效的輔導他們，就是無法完全改變他們。所以，最好是在引導他們的同時，讓團隊其他成員知道，看在高生產力的分上，你希望大家能夠接受他們。

三、**引導狂暴先知專注在能力所及的事物上**。由於他們是偏執狂，給予完全負面的回饋只會強化他們認為所有人都歧視他們的人生觀。所以，最好把你的時間花在引導他專注於能力所及的事物上；這會誘發他的超級能量，並且提升公司的整體表現。舉例來說，假如你們公司的狂暴先知是一個超級業務員，常常跟同事起衝突，那麼就要讓他挑戰把想法賣給同事，而不是凌駕在同事之上。

最後，狂暴先知還是多少必須融入企業文化。但是要注意，如果你試圖和他們一起工作，可能會惹怒某些同事抱怨為什麼他們可以享有特殊待遇，違反文化規範卻沒有被立即開除。

有時候，這樣的文化其實隱含文化多元性的意義；但是有時候，遵循企業文化比個人表現更重要，所以最好讓狂暴先知離開。但是要記住，這會形塑你的企業文化主張：無論工作表現有多好，公司都不會容許違反文化規範的特例。

這將引起更深層的探討，讓你更加了解想要什麼樣的文化：你的公司完全不允許特例存在？還是可以接受多元與異質？如果要你跟一個抱怨的員工解釋，好比跟他說：「弗洛伊德實在是個特殊人才，所以我們才願意多給他一點時間適應公司文化」，你會因此感到不舒服，那麼你的企業文化就是不允許特例存在，你根本就不應該花時間應付狂暴先知型的員工。

即使已經提供最好的引導，你也有可能會發現，狂暴先知的怒氣過重以致於無法隨著公司成長。但是，這仍然很值得你努力嘗試駕馭他們的能量，畢竟一位偉大的狂暴先知可能會是你公司最強大的動力。

確立決策風格

你的決策對企業文化的影響甚鉅，而你做決策的過程也會成為企業文化的核心因素。領導階層的決策主要有下列三種風格：

一、**我說了算，不聽就滾蛋**。這樣的領導人會說：「我不管你們怎麼想，就照我的方式做。如果你們不喜歡，出口就在後方，請自便。」這種做法極度有效率，因為決策過程根本不需要討論。

二、**大家提議表決**。這樣的領導人偏好民主的決策過程，如果狀況允許，他會為每一項決策舉行正式投票。雖然決策要花很長時間才能有結果，但每一個人都能表達看法。

三、**大家提議，我來決定**。這樣的領導人能在獲得正確資訊與集思廣益之間取得平衡，並且讓決策過程保持效率。這種做法不像第二種決策那麼開放，也不如第一種決策來得有效率。

但是，在商業界，第三種決策方式通常運作得最好。第一種決策方式除了執行長以外人人都無權置喙，決策都卡在執行長身上；然而，很諷刺的是，第二種決策方式看似民主，卻會把人逼瘋，比起第一種方式，員工更討厭這種方式。

執行長的表現是由決策過程的效率與結果正確性而定，第三種決策方式不僅能讓決策者在充分吸收訊息後快速下判斷，同時也是告知公司上下，不是所有人都能掌握完整的資訊，因此需要有人負責全面吸收訊息後，再決定接下來如何進行。

一般來說，做出決策後狀況才會浮現。舉例來說，如果你決定取消某項軟體計畫，接下來就是要處理財務的因應對策，但是專案經理卻不同意。現在，專案經理得告知團隊這項壞消息，當然，團隊成員對於辛苦投入的工作付諸流水肯定會感到沮喪、不爽。所以，專案經理通常會說：「我可以了解你們的感受，老實說，我也同意你們的看法，但是高層否決我的提議。」

這個說法絕對會損害企業文化。此時，團隊裡的成員將感到被邊緣化，因為主管竟然如此使不上力，這讓他們更加無力，甚至覺得在公司裡變得比基層還要低階。接下來，團隊裡意志比較堅定的人就會四處宣傳，讓大家都知道這些不開心的事，使得其他人也開始質疑領導團隊的能力，也會開始懷疑自己的工作到底有沒有意義。最後，員工很有可能變得漠不關心或是失去信心，也有可能兩種狀況同時出現。

健康的企業文化的關鍵在於，不論決策過程如何，所有人都必須遵守「不同意也要投入」的原則。不論你是哪個階層的主管，最起碼的責任是要支持公司每一項決策。你可以在開會時儘管表達異議，但是會後你不只要支持最終決策，還要能夠讓團隊成員充分理解決策背後的種種考量。

專案經理應該這樣說：「這的確是個艱難的決定。我們做得很不錯，這項計畫也具有潛力，但是從公司整體營運的優先考量以及資金的運用來看，這項計畫應該就此喊停。我們必須專注在核心領域，確保現在團隊裡每一位成員的能力都能夠發揮最大的效益，所以才會決定取消這項計畫。」在布達這麼重要的決策之後，最好的做法是詢問每個人對於這項決策的想法，這樣你就能夠確保決策背後的理由考量是否已經忠實的傳遞。身為執行長，我通常願意容忍某些特例，但是對於會動搖公司決策信心的經理人，我完全不會容忍，因為他只會讓公司變得混亂。

決策過程中最後一項關鍵是：「要快還是要對？你的要求有多高？」這些問題的答

案與你所處的產業以及公司規模有關。在像是亞馬遜或是通用汽車這樣的大公司裡，員工人數動輒成千上萬，每天都有上千個決策等著結果，速度遠比正確與否更重要。在很多情況下，先做決策等錯了再改的做法，會比先花時間研究再找出正確決策的速度還要快很多。

請想像一下，如果有一家大企業花費六個月才決定，是不是要把某項特定的功能納入產品。這代表在這六個月裡，會有一百位員工無法進行任何相關工作，然而這項決策有那麼重要嗎？真的需要花六個月辯論嗎？可能不需要。

另一方面，如果是在安霍創投這樣的公司，我們一年要做的重要投資決策大概是二十個，做出對的決策通常比快速做決策更加關鍵，畢竟如果一年只有二十次機會可以瞄準靶心，自然會想要百發百中。所以，我們會花很長時間辯論，把決策從裡到外、由上而下重複不斷的檢視，然後隔天再跑一次流程。對我們來說，決策正確遠比快速決策還要重要許多。

即使你偏好快速決策，在某些情況下，為了塑造企業文化，決策正確還是相當重要。如果「好的設計」和「過人的品味」是你的價值觀主張與企業文化的關鍵因素，那麼花時間討論產品包裝上要用哪一種黑色，就會對你很有幫助。投注這些資源與時間不見得對產品銷售有幫助，但是絕對會加強你想要傳達的文化訊息：在設計上，你不會走捷徑。

然而，有些決策如果不做就會破局，這時你需要不同的做法。亞馬遜有個「兩個披薩」原則，說明參與產品決策會議的人數，要控制在兩個披薩夠分的人數以內。但是，亞馬遜在決定是否推出需要投資數十億美元的雲端服務時，就不是採用這個原則了。

在速度與正確性的拉鋸戰當中，企業文化如何賦予決策權力的問題扮演相當重要的角色。哪些階層的員工可以參與決策？你是否相信基層員工能夠決定重要事項？他們是否掌握足夠的資訊可以做出正確的決定？

如果員工能夠真正參與決策，他們會更加投入工作、更有生產力。而且，很多狀況都顯示出，把決策留給高層不只會拖累決策速度，他們做出的決策也沒那麼正確。

不過，從另一方面來說，讓基層做決策可能導致下列幾個問題：

- **產品群組之間的溝通遭到破壞**。最後可能導致顧客在產品體驗上受到挫折。多年以來，幾乎每一項Google產品都有各自的顧客資料庫。舉例來說，我在Gmail上用的名字假設是BenH，但是我無法用BenH登錄YouTube。這個問題困擾使用者，也讓Google無法充分了解使用者在產品線之間的使用行為。賴瑞・佩吉（Larry Page）最後強迫旗下產品群將統一使用者資料作為最優先的工作任務。

- **部門之間的溝通遭到破壞**。最後可能導致公司雖然做出偉大的產品，卻無法行銷或是銷售。全錄公司（Xerox）位於帕羅奧圖市的研究中心，以產出令人眼花撩亂的科技新發明為人所知，其中包括圖形使用者介面（Graphical User Interface，簡稱GUI）。但是，他們卻無法讓這些發明有效商品化，因為公司裡其他部門的人都不知道研發部門在做什麼。最後，全錄終於意識到這件事，於是把研究中心分割出來獨立成立一家子公司。
- **聽不到最好的人才的想法**。以網飛為例，創辦人暨執行長哈斯廷斯的知識與經驗，對任何決策都會有幫助。

這些急迫的要務之間錯綜複雜、卻又彼此衝突，這正是我跟佩吉在二〇一二年某一次聊天的主題。有一天，佩吉到我辦公室來，他當時正在思考要如何調整Google的組織架構以布局未來，想要我聽聽看他的想法、給些意見。

他說他剛跟賈伯斯談過，賈伯斯大聲說他：「做太多東西了。」賈伯斯認為佩吉應該讓公司專注，像蘋果一樣，把一些事情做到最好。賈伯斯涉入產品決策之深已經成為傳奇典範，而且他的成果盎然。蘋果的產品設計得很美，所有體驗都整合得幾乎完美無缺，行銷與銷售方面也與產品精神一致，就連蘋果專賣店的設計都與蘋果的整體感官體驗一致。在賈伯斯的世界裡，「做太多」就是敵人。要是蘋果一開始就隨意實驗，賈伯斯如何實踐他的世界最佳品味？產品又怎麼能夠如此完美的整合？

我問佩吉是否想要專注只把幾件事做到完美，他說：「不要，如果我無法追求突破性的點子，那麼我還是我嗎？」於是我回：「那麼為了達成目標，你需要一個考量整體組織的設計，以及一套相對應的企業文化，但絕對不是蘋果那一套。」

我們不斷討論，談遍能夠產生成千上萬種新產品方向的企業，像是愛迪生（Thomas Edison）的通用電氣、華倫・巴菲特（Warren Buffett）的波克夏海瑟威（Berkshire Hathaway），以及比爾・惠利特（Bill Hewlett）與大衛・普克德（David Packard）的惠普。佩吉終於得出結論，要打造一家字母公司（Alphabet）作為母公司，旗下包含諸多獨立的公司，例如Google，這能夠讓他追求個人目標。現在，他能夠涉獵各式各樣的研發題材，從延長人類壽命到自駕車發展，但是他完全不要求這些公司能夠整合出一套統一的設計風格。

思考賦權或掌權的議題時，最後要考量的關鍵在於，公司是處於承平時期還是作戰時期。公司是營運得很順利，讓你得以專注在擴大規模的創新做法，還是正在面臨生死存亡的關頭？我在《什麼才是經營最難的事》裡也提過，「平時執行長」與「戰時執行長」的模樣完全不同：

- 平時執行長遵守規範而致勝；戰時執行長違反規範而致勝。
- 平時執行長放眼大局，授權員工制定細部決策；戰時執行長凡事一手抓，誰也不能違背他。
- 平時執行長打造大規模的人事單位、廣納人才；戰時執行長同樣打造大規模的人事單位，但要人資單位也有裁員的能力。

- 平時執行長花時間定義企業文化；戰時執行長讓亂世決定企業文化。
- 平時執行長隨時有緊急方案；戰時執行長知道有時必須孤注一擲。
- 平時執行長握有龐大優勢、穩定沉著；戰時執行長則是提心吊膽。
- 平時執行長克制不口出穢言；戰時執行長有時刻意狂飆三字經。
- 平時執行長認為競爭對手是汪洋中的其他戰艦，雙方可能永遠不會交戰；戰時執行長認為競爭對手已經侵門踏戶，想要綁架自己的小孩。
- 平時執行長目標拓展市場；戰時執行長目標搶贏市場。
- 平時執行長容忍計畫之外的變數，只要員工努力、有創意；戰時執行長絕不允許員工分心。
- 平時執行長講話不拉高分貝；戰時執行長講話很少平心靜氣。
- 平時執行長努力減少衝突；戰時執行長刻意凸顯衝突。
- 平時執行長力求凝聚全員共識；戰時執行長不強求共識，也不容許歧見。
- 平時執行長勾勒宏大而積極的目標；戰時執行長忙著打擊敵人，無暇閱讀管理書，更何況這些書的作者大多是企業顧問，這輩子連個水果攤都沒管過。

● 平時執行長重視員工訓練，以員工成就感與職涯發展為己任；戰時執行長也重視員工訓練，以免大家在戰場淪為砲灰。

● 平時執行長願意退出沒有拿下第一、二名的市場；戰時執行長沒有這等豪氣，因為公司通常連市場第一或第二都排不到。

由承平時期轉為作戰時期比較容易，一旦執行長開始密切關注特定細節，像是每日召開會議討論產品延遲問題，公司就會快速反應，每個人自然而然也會開啟作戰時期的模式。

承平時期的模式就複雜許多。因為在作戰時期時，執行長必然會成為整體決策過程中最關鍵的角色，即使執行長不是最後做決策的人，決策者還是會根據執行長的觀察與論斷下決策。作戰時期，賦權給個人的文化將會消失殆盡。

當蘋果公司從戰時執行長賈伯斯改為平時執行長提姆・庫克（Tim Cook）接任時，產品設計文化大幅度的改變了。因為庫克不像賈伯斯，不會事必躬親，許多老蘋果人相信公司不再像以往那樣極力追求設計上的優越性。新的企業文化可能有其他優勢，但是員工絕對會認為公司變得不一樣了。

同樣的，當優步領導人從總是在作戰的執行長卡拉尼克，改由平時執行長霍斯勞沙希接任後，由於霍斯勞沙希對組織沒有完整的了解，無法進行每一項決策，因此公司的決策系統停擺，直到他重新建立一套流程才得以繼續運作。而且，他還得同時修補舊有企業文化的問題。

大多數執行長從來沒有在作戰時期與承平時期之間切換文化的經驗；而且，大多數執行長的人格特質也只適合在其中一種時期領導公司。平時執行長通常八面玲瓏、有耐心、對團隊需求特別敏感、也很樂於賦予團隊非常多自主權。戰時執行長通常善於與衝突為伍、執著於自己認定的組織方向、通常都超級沒耐心、也無法忍受不完美。

所以，一般來說，當狀況改變時，董事會會開除原本的執行長，引進擁有合適的心態、可以因應新狀況的人選。舉例來說，Google每一項產品都有各自的使用者資料庫的狀況，就發生在平時執行長艾力克・施密特（Eric Schmidt）執掌公司期間，直到佩吉接任執行長讓公司進入作戰時期，資料庫問題才得以改善，因為他擔憂Google沒有好好把臉書當成競爭對手。

此外，可以預期的是，喜歡為平時執行長工作的高階主管，不會喜歡為戰時執行長工作，反之亦然。施密特時期的高階主管只有一位留下來為佩吉工作，這個人就是無與倫比的天才大衛・德拉蒙（David Drummond），負責法律與企業發展部門；他也承認自己是個見風轉舵的變色龍。

第 10 章

結語

我的抽屜裡都是快克，我就是誠實以對

—— 未來小子（Future）

從武士道精神與成吉思汗的做法，再到監獄幫派與亞馬遜的政策，看過這些關鍵的文化之後，我們都應該清楚知道，沒有任何一套文化可以適用於所有公司，而且事實上，也沒有一種文化美德可以適用於所有公司。你的企業文化應該展現出你的個性、信念與策略，也必須隨著公司成長與情勢變化而有所演變。

在最後這一章，我會鑽研三項文化美德，它們在每一家公司幾乎都能發揮效果，同時，我也會檢視為什麼這三項美德實踐起來會有點費事。最後，我會再次幫助大家複習本書提到最重要的技巧，並且列出一份待辦清單，作為你建立新公司或是讓公司重新出發的好幫手。

信任

你是個誠實的人嗎？我打賭你會想一下才回答：「是。」現在請告訴我你還知道有誰是誠實的人嗎？我打賭這一題肯定比上一題還難回答。相信自己誠實的人怎麼會想不出來還有誰是誠實的人？

老實說，說實話這件事還真不容易做到，而且也不是件自然的事，說別人想聽的話才是自然的事，因為這能讓每個人感覺良好……至少當下感覺很好。說實話需要勇氣，而且，有一件事很少被提及但是相當重要：說實話還需要判斷力與技巧。

為什麼執行長就算想要保持誠實也很難辦到呢？先來看看下列幾個情境：

- 公司業績不太好，你如果對員工說實話，最精明的員工馬上就會開始擔心公司前景，接著選擇一走了之。一旦他們離開，業績又會跟著受影響，最後陷入業績衰退與員工流動的死亡螺旋。
- 公司成本結構過高，裁員看來勢在必行。公司並非前景黯淡，如果此時裁員，媒體就會唱衰公司。要是員工讀到這種報導，勢必會驚慌失措然後離職，這時公司就真的前景黯淡了。
- 一位重要的高階主管跳槽到你們最大的競爭對手公司，因為他認為對方的產品比較好。如果你據實以告這位主管離職的原因，員工就會開始思考，他們是不是也應該比照辦理。

- 產品有嚴重瑕疵，顧客因此投向你最大的競爭對手懷抱。如果員工知道這件事，就會開始質疑為什麼還要為失敗的市場老二工作。
- 最後一輪募資的市場估值過高，你正在思考調降價格，但是有主管才剛用股價還會上漲當作誘因吸引新進員工。

在這些司空見慣的場景中，說實話就像是要公司自殺一般，那麼你應該就此放棄，然後開始說謊嗎？不，信任來自於坦誠，如果員工無法相信你，公司就會分崩離析。這裡的技巧在於，要有技巧的說實話但不摧毀公司。

要說實話但又不會毀掉公司，首先你得接受你無法改變現實，但是你可以賦予現實全新的意義。請想像一下，如果你必須賦予「裁員」全新的意義，首先你得認清你不是唯一一個詮釋裁員意義的人。因為記者會說裁員代表公司失敗了；遭到裁撤的員工會覺得被公司背叛，並且對外表示裁員就是公司背叛員工；留下來的員工則會有各式各樣的看法。但是，如果你搶在其他人之前就賦予裁員這件事新的意義，並且用坦誠且令人信服的方式傳達你的詮釋，很有可能所有人都會記住你的說法。

為現實賦予意義前有三個注意事項：

一、**清楚說出事實**。例如：「我們必須裁撤三十人，因為公司財務短缺四百萬元。」不管原因是什麼，總之要說出事實。不要假裝你是為了解決績效問題，也不要說沒有這些人公司會更好，更何況他們是你花費力氣找進來的人。事實是什麼就是什麼，最重要的是，公司裡每一個人都知道事實跟你所知道的事實如出一轍。

二、**如果是你的領導造成公司受挫，不得不裁員，那就承認吧**。為什麼當初你會想要提前快速擴張公司規模？你從中汲取到哪些教訓，可以讓你不再重蹈覆轍？

三、**解釋行動背後的真正用意，以及這項行動對於之後的大任務有什麼幫助，此外也要解釋這項大任務有多重要**。正確的執行裁員，對公司的意義在於獲得生存下去的機會。這是個艱難但必須的步驟，但是它可以讓你可以完成最初的目標與所有人共同的任務，也就是公司最後的成功。你的工作就是要確保裁員能夠發揮效果，導引出好的結果。

賦予現實意義的案例當中，最漂亮的案例就是亞伯拉罕・林肯總統（Abraham Lincoln）的《蓋茲堡演說》（Gettysburg Address）。在這場演說中，他向全美國人民解釋，為什麼這些士兵會在蓋茲堡戰役中付出生命，並且賦予美國內戰全新的意義，這真是偉大的成就。蓋茲堡戰役是美國歷史上最血腥、衝突最嚴重的一場戰役，這三天的殊死戰役中，美國人對抗美國人、手足對戰手足，總共造成約五萬人死亡。

當時，許多人認為這場戰爭是中央與地方爭權，或是爭奪奴隸經濟的存亡，然而林肯用一場精簡扼要卻又影響深遠的演說，賦予內戰全新的意義，非常值得讓我們在此整篇重讀一次。

八十七年前，我們的父執輩在這塊大陸上建國，這是一個新國家，從自由中孕育而生，並且奉行人人生而平等的理念。

眼前，我們正在進行一場偉大的內戰。這場戰爭考驗這個國家，也考驗任何一個有同樣主張與信仰的國家是否能夠長存。我們在這場戰爭的偉大戰場上齊聚，將這片戰場的部分土地獻給在戰役中奉獻生命的人，作為他們長眠安息之地。這麼做也十分合情合理。

然而，就宏觀的意義而言，我們無從奉獻這塊土地、無從使其成為聖地、也無從將其變為人們供奉的場域。因為在此奮戰的勇士，無論生者或死者，已經將這塊土地昇華為聖地，我們的卑微努力無法再為它增添或減損絲毫光彩。世人不會注意或記得我們在此說過的話，但是他們絕不會忘記這些勇士在此的事蹟。這些勇士誓死推動的志業已經取得驚人進展，我們這些還活著的人應該獻身完成他們的未竟之志。在此，我們將全心全意奉獻給眼前這項偉大的艱鉅任務，以更加堅定的意志貫徹他們為此光榮犧牲的理念，並且誓言絕不讓他們白白犧牲，要讓這個國家在上帝的庇佑下，獲得自由的新生，使民有、民治、民享的政府在世間長存不滅。

在林肯的演說前，大多數人從來沒有想過美國是「奉行人人生而平等理念」的國家，這場演說後，人們很難出現其他想法了。林肯深知他發起的戰爭將付出多少人的生命作為代價，但是他賦予這些犧牲重要的意義。他不但賦予戰爭目的，更賦予這個國家意義。

當你有壞消息要宣布，又擔心員工發現後驚慌失措，記住蓋茲堡演說。就算是一筆失敗的交易、一份未達標的季報、或是一次裁員，這不僅會是你定義這起事件的機會，更是定義你公司性格的機會。而且，不管你把事情弄得多糟，你也沒有讓好幾千名士兵去送死。

有些公司不在乎信任原則，也有些領導人刻意促成內部競爭，讓員工彼此較量，最好的員工便能出頭天。這種經營方法常見於多數員工擁有相同職能的產業裡，像是風險投資、銀行業或電話詐騙行銷這種血汗產業。因為在這些領域裡，員工從來不會彼此合作，組織通常採取以考績決定去留的競爭模式，內部幾乎毫無信任可言。每個人為了求生存想說什麼就說什麼，很不幸的，這種經營方式的確能讓公司獲利。

但是我絕對不會想要在這樣的公司裡工作。

對壞消息保持開放態度

如果你經營的是一家有規模的組織，有一件事肯定無法避免：不管是在什麼時候，在某個地方一定有某件事情非常不對勁，有些主管知道災難正在醞釀當中，但是出於某些原因（稍後我們會討論）他們就是不告訴你，即使悶得愈久問題愈大，他們也不打算開口。我稱這類被掩蓋的問題為「泡菜問題」（kimchi problem），因為問題埋得愈深、醞釀愈久愈棘手。

你要如何打造出一套文化，讓你可以及早發現這些問題？這可是相當困難的挑戰。員工不願意揭露壞消息有幾項原因：

- **這樣做會牴觸自主文化**。管理上有句諺語：「不要只帶問題來找我，要連解決方案一起帶上。」這句話是在鼓勵員工擁有自主權、決策權，也要他們扛起責任，但是這也會引發負面的聯想。很有可能員工只聽到「不要帶問題來給我」；更深層的原因可能是員工知道問題但無法解決。如果工程師看到軟體基礎架構有問題，但是他沒有權力或能力提出解決方案呢？假設業務部員工發現同事做出不實的承諾，他要怎麼樣在沒有協助的狀況下解決問題？當你鼓勵員工說出壞消息時，必須小心翼翼不要澆熄他們的勇氣。

- **公司的長期目標可能不符合員工的短期動機**。想像一下，你的新產品必須在本季推出，你還因此提供激勵獎金給工程師。但是，產品卻出現嚴重的資安漏洞。如果你是發現漏洞的工程師，而你又需要這筆獎金才能買過節禮物給小孩，你會怎麼做？
- **大家都不想被罵**。假設你知道有問題，很有可能你就是引起問題的人，但你又不知道要怎麼解決。如果向主管揭露問題就等於是承認自己有罪，誰會想這樣做？

要如何打造出一套文化不只能讓問題浮現，也不會減損自主與賦權這兩項特質，甚至能夠避免員工感到挫敗或是因此引發抱怨的文化？

鼓勵壞消息

當我聽到問題時，我會盡力表現出狂喜的情緒，然後說：「還好在問題殺死我們之前就發現它，真是太好了。」或是：「這個問題解決後，公司就能變得更強壯。」員工會從領導人身上獲得提示，當你樂意接受壞消息，員工也會跟著接受。優秀的執行長還會直接面對痛苦與黑暗，最後甚至會學著樂在其中。

很多主管都想要參加管理階層會議，因為這會讓他們感覺被公司需要，而且也能獲得消息。於是，我利用這樣的渴望設下參加會議必須付出的代價：供出一條正在火燒屁股的壞消息。我會說：「我知道，而且我相當確定，公司裡有一些事情已經完全脫軌失靈，我要知道是哪些事情出了問題。如果你不知道哪些地方有問題，那麼對我來說，你在這場會議裡完全沒有貢獻。」這項小技巧不僅讓我聽到滿坑滿谷的壞消息，還創造出容忍、甚至是鼓勵員工揪出問題與討論問題的文化。我們並沒有解決全部的問題，但至少我們知道大多數問題是什麼。

有時候，光是知道某個還沒有解決的問題，就能讓其他問題迎刃而解。當年，我從響雲端的餘燼中浴火重生創立Opsware時，我想要盡快推出Opsware這套軟體；這是我們在響雲端用來管理雲端環境的軟體。所以，我們得跟時間賽跑，快速解決那些無法避免的漏洞與問題，因為我相信軟體上市後，我們在市場上拚搏得來的知識與技能會非常有用，這是當時我的看法。

然而，公司裡大多數工程師把我看作瘋子，他們認為我不知道這項產品還有很多要解決的地方，距離可以上市的標準還很遙遠。我一直不知道他們的想法，直到我跟一位工程師進行例行談話時，我問他：「你認為我們還有什麼不同的做法嗎？」他說：「除了你以外，沒有人認為我們應該推出Opsware。」

即使聽完他的話，我還是認為應該要推出這套軟體，但是，我同時也了解到我已經製造出另外一個問題：產品團隊逐漸對執行長失去信心。於是我立刻召開公司大會，詳細解釋為什麼我會下那樣的決策。我向大家說明，與其等到我們認為產品完美無暇才推出，卻完全不知道顧客需要什麼，還不如賣出有待改善的產品，然後隨著市場狀況快速調整，這樣的做法對我們比較有利。我並沒有說服所有人相信我是對的，但是每個人都了解到我的確知道有哪些問題存在，才會提出這樣的因應策略，並且義無反顧的要執行下去。這場會議改變了一切。

對事不對人

如果你在發現問題後分析癥結，並且找出原因，你最後通常會發現最根本的問題出在溝通、工作排序，或是其他可以解決的問題，而不是某一個特別懶惰或愚蠢的員工。

你要做的是找出癥結、對症下藥，而不是揪出戰犯，如此一來，你就能打造出一個不掩藏、不懷戒心，並且通常都能對壞消息抱持開放態度的文化。

隨時詢問

當你跟組織內的員工碰面時，無論是在正式或非正式的場合上，都能適時詢問可以幫助你發現壞消息的問題。例如：「有沒有什麼事情阻礙你完成工作？」或是問：「如果你是我，你會改變公司裡的哪些做法？」你或許得多問幾次，但是如果你鼓勵員工，他們最終一定會願意開口。你愈真誠的表達出你急著找到問題，而且你發現問題後會真心支持員工，他們的態度就會愈來愈開放。

忠誠

在大多數文化中，忠誠至關重要，卻很難建立。在現今這麼多變化的商業環境中，每個人一生中平均會換十一、二個不同的工作，公司能對員工多忠誠？而員工應該對公司多忠誠呢？對彼此來說，表現忠誠能得到什麼獎賞？

忠誠來自彼此期待對方有一樣的感受，來自你相信同事和公司會力挺你。執行長有各式各樣不同的做法可以鼓勵忠誠。Stripe執行長派崔克・克里森這樣做：

> 我們顯然無法提供終生聘雇的保障，但是我希望我們能夠做到的是，當人們在十五年後回頭看的時候，他們會認為在這家公司做的是生涯中最有意義的工作。我期待員工做好兩件事作為交換條件：一、道德的一致性；二、為公司而不是為自己追求卓越。如果他們能夠達成這兩項期待，我們會珍惜、尊重員工，並且對他們忠誠。

也就是說，他會在員工的職涯上一路相挺。

Databricks執行長阿里・高德西（Ali Ghodsi）對他的高階主管提出更明確的承諾：「我承諾不會有任何意外，即使營運不順，員工也會在第一時間從我這邊得知第一手消息，並且有時間安全轉職到其他公司。作為交換條件，他們必須及早讓我知道他們感到不滿意的地方。」

說到底，忠誠與你的人際關係品質有關，因為員工不是想要離開公司，而是想要離開主管。如果主管與員工之間沒有關係，或更糟的是主管與員工之間關係很僵，不論你提出任何文化政策都不會培養出忠誠心。像高德西那樣開誠布公，可以強化彼此的關係，因為他除了明顯表現出對主管有多在乎，也對他們做出口頭承諾。如果他只是嘴巴說說，卻沒有採取行動去建立彼此的關係，以支持他開出的承諾，他最終也會以失敗收場。

組織領導人可以與部屬以外的員工建立起有意義的關係，只要他真心對待他遇到的同事、不背棄自己說過的話，並且在組織裡讓人願意信服、跟隨他，即使身處動盪劇烈的產業，也能夠建立密切的人際關係與忠誠。

設計你的文化清單

討論過各式各樣文化中的種種特質後，現在是時候由你列出屬於自己的清單。下列是你必須記住的關鍵：

● **文化設計**。確保企業文化與你的個性與公司策略的方向一致；要有心理準備，企業文化也會變成武器，因此你得定義清楚、不可以模稜兩可。

● **文化訓練**。員工踏進公司第一天的體驗應該不至於像夏卡・桑戈爾結束隔離後第一天的經歷那樣讓人難忘，但是第一天總是會留下深刻的印象。比起其他的日子，員工在第一天學到關於如何在組織內取得成功的知識最多。千萬不要留下錯誤或意料之外的第一印象。

● **震撼規則**。任何一條驚嚇程度高到讓人不禁發問「為什麼我們有這項規定？」的規則，都能夠加強關鍵的企業文化因素。請好好思考你要如何震撼組織，好讓員工都能遵從企業文化。

● **整合外部領導人**。有時候，你需要的企業文化完全無法從內部建立起來，這時你得尋求外援。與其試著把公司引導到你不熟悉的企業文化，不如找一位熟悉那種企業文化的老手進來。

● **震撼教育**。你怎麼做遠比你怎麼說更有影響力，如果你真心想要讓企業文化深植人心，那就採用震撼教育的做法吧。雖然不需要像孫子那樣砍人頭顱，但是震撼教育必須充滿戲劇性。

● **明確的道德準則**。最常見、破壞力也最強的一種錯誤，就是領導人假設所有人即使面臨道德準則的衝突，都會「做對的事」。不好好說明、解釋道德準則等於是犯了大忌。

● **賦予文化準則深刻的意義**。要讓文化準則特立獨行、超出預期。如果古代的武士對禮儀的定義和我們對禮儀的定義一模一樣，武士道精神就不會對文化有任何影響。正因為武士將禮儀定義為表達愛與尊重的最好方式，時至今日武士道精神仍深深影響著日本文化。你的文化美德的真正含意是什麼？

● **言行合一**。你永遠無法讓人「照我說的去做，而不是照我做的做」，所以不要選擇你沒辦法落實的文化美德。

● **決策必須凸顯出最重要的事**。如果盧維杜爾只說他的文化與復仇無關，他就沒辦法發揮足夠的影響力，所以他必須下決策原諒奴隸主，才能彰顯出他的文化中最重要的事。

這些技巧能夠協助你塑造想要的文化，但是請記住，完美的文化是完全遙不可及的目標。你是要為了公司打造最適合、可以落實的文化，所以請把眼光專注在目標上。如果你要員工對待公司的錢像對待自己荷包裡的錢一樣錙銖必較，為了傳達出對的訊息，讓他們出差住在紅屋頂酒店，比起讓他們住在四季飯店更有效；但是，如果你要員工有自信的拿下五百萬美元的生意，那麼讓他們住在四季飯店可能比較正確。如果你不知道你想要什麼，你就不可能獲得任何東西。

文化始於你決定什麼是最重要的事，然後你必須協助組織裡每一個人，讓他們實踐能夠反映這些重要價值的行為。如果這些企業文化準則模糊不清，或是單純就是不利於生產，你就必須改變文化。當你的企業文化缺乏關鍵因素時，你得把它們加進去。最後，你得仔細注意員工的行為，但是更重要的是，你得注意自己的行為。你的行為對企業文化有什麼影響？你是你想要成為的那個人嗎？

這就是創造偉大企業文化的意義，這就是身為領導人的意義。

作者筆記

本書有關盧維杜爾的敘述，資料來源包括：

詹姆斯（C. L. R. James）的《黑色的雅各賓黨人：杜桑・盧維杜爾與聖多明哥革命》（*The Black Jacobins: Toussaint Louverture and the San Domingo Revolution*）、《杜桑・盧維杜爾：歷史上唯一成功的奴隸革命》（*Toussaint Louverture: The Story of the Only Successful Slave Revolt in History*）以及《三幕戲》（*A Play in Three Acts*）；汪達・帕金森（Wanda Parkinson）的《鍍金的非洲人：杜桑・盧維杜爾》（*This Gilded African: Toussaint L'Ouverture*）；菲利浦・吉拉德（Philippe Girard）編輯與翻譯的《杜桑・盧維杜爾將軍回憶錄》（*The Memoir of General Toussaint Louverture*）以及他的個人著作《杜桑・盧維杜爾：一段革命性的生命之旅》（*Toussaint Louverture: A Revolutionary Life*）、

《擊敗拿破崙的奴隸：一八〇一到一八〇四年的杜桑・盧維杜爾與海地獨立戰爭》（*The Slaves Who Defeated Napoleon: Toussaint Louverture and the Haitian War of Independence, 1801–1804*）；查爾斯・佛斯迪克（Charles Forsdick）與克里斯汀・霍斯伯格（Christian Høgsbjerg）的共同著作《革命年代的一位黑色雅各賓黨人》（*Toussaint Louverture: A Black Jacobin in the Age of Revolutions*）；亞當・霍奇霍爾德（Adam Hochschild）的《埋葬鎖鏈：解放大英帝國奴隸之戰中的先知與叛軍》（*Bury the Chains: Prophets and Rebels in the Fight to Free an Empire's Slaves*）；以及吉莉安・蘭西（Gillian Ramsey）與尼爾・羅素（Neil Russell）的共同著作《回溯英國啟蒙與羅馬文化時期的戰爭》（*Tracing War in British Enlightenment and Romantic Culture*）。

我對於武士道的想法受到下列書籍的影響：新渡戶稻造的《武士道：讓日本人成為今日的日本人的思想集》（*Bushido: The Soul of Japan*），繁體中文版由不二家出版；山本常朝口述、田代陣基記述、亞歷山大・班尼特（Alexander Bennett）翻譯的《葉隱聞書》；湯瑪斯・柯理利（Thomas Cleary）的譯作《解讀武士：武道初心集新譯》（*Code of the Samurai: A Modern Translation of the Bushido Shoshinshu of Taira Shigesuke*）

與編譯作品《鍛鍊武士之心：武士道資料集》（*Training the Samurai Mind: A Bushido Sourcebook*）；以及宮本武藏著作、時津賢兒翻譯的《五輪書》（*The Complete Book of Five Rings*）。

受到成吉思汗啟發的著作有上百本，因此而生的觀點更是不計其數。我不敢說我全部都讀過，但是其中影響我最深的是：傑克・魏澤福（Jack Weatherford）的《成吉思汗：近代世界的創造者》（*Genghis Kahn and the Making of the Modern World*）；康恩・伊古爾登（Conn Iggulden）「蒙古帝國之征服者五部曲」的首部曲《征服者1：瀚海蒼狼》（*Genghis: Birth of an Empire*）；以及法蘭克・麥克林（Frank McLynn）的《成吉思汗：他的征戰、他的帝國、他的遺澤》（*Genghis Khan: His Conquests, His Empire, His Legacy*）。

我對羅伯特・諾伊斯的了解，以及他對矽谷的重要性的認知，都來自湯姆・沃爾夫（Tom Wolfe）一九八三年十二月刊於《君子》雜誌（*Esquire*）的文章——〈羅伯特・諾伊斯的閃亮成就〉（The Tinkerings of Robert Noyce），以及雷斯莉・柏林（Leslie Berlin）的《微晶片的幕後推手：羅伯特・諾伊斯與矽谷的創立》（*The Man Behind the*

Microchip: Robert Noyce and the Invention of Silicon Valley）。

此外，本書也引用了我與下列人士的談話片段：夏卡・桑戈爾、里德・哈斯廷斯、比爾・坎貝爾、陶德・麥金能、莉雅・安德斯、拉夫・麥克丹尼爾斯、馬克・柯蘭尼、納西爾・瓊斯（Nasir Jones）、派崔克・克里森、麥克・奧維茲、賴瑞・佩吉、史都華・巴特菲爾德、艾瑞爾・凱爾曼、瑪姬・伍德羅特、唐・湯普森、阿里・高德西、史蒂夫・斯圖特以及黛安・格林。

謝辭

要不是我親愛的老婆費莉莎以源源不絕的精力持續的督促、不斷的鼓勵我，我斷然無法寫完這本書。我原本無意寫第二本書，是她的堅持才有這本書。不只為了這件事，也因為其他許多原因，我始終由衷的心懷感激能在三十年前遇見她。她是我的靈感來源、我的繆思女神、我的一切。

企業文化是我思考甚久的題材，我與夏卡・桑戈爾的友誼則是促使我下筆的催化劑。他願意敞開心胸分享個人的故事，還有他對從無到有建立文化的洞察領悟，我實在感激不盡。

過去多年來，我與史蒂夫・斯圖特進行過許多談話，這著實大幅拓展我對文化的理解。而他對種族與包容的洞悉，啟發我完成第五章「成吉思汗」的靈感。

一開始寫作本書時，我思考著必須從嘻哈文化著手，說明它如何創造出我們這個時代最成功的音樂形式。然而，一旦深入探討後，我就意識到嘻哈文化的故事可能需要一整本書的篇幅才能說得完，不過開始寫作後，我馬上發現我從那些研究與探討中獲得的是無價珍寶。

感謝伯納德・泰森，他即使身為全美最大的健康醫療集團的管理者，還是極度慷慨、從不吝嗇撥時間與我見面。

感謝唐・湯普森、瑪姬・伍德羅特、史都華・巴特菲爾德、陶德・麥金能、馬克・柯蘭尼、派崔克・克里森、艾瑞爾・凱爾曼、莉雅・安德斯以及麥克・奧維茲與我分享他們的故事與體悟。

我對成吉思汗的了解大多數來自於傑克・魏澤福與法蘭克・麥克林的著作，他們讓我掌握住成吉思汗在文化與軍隊策略之間的緊密關係。

承蒙小亨利・路易斯・蓋茲審閱書稿，並且協助我將杜桑・盧維杜爾的篇章盡可能寫得準確無誤，我實在感激不盡。菲利浦・吉拉德令人讚嘆的海地革命研究，讓我得以建構出一套觀點，說明盧維杜爾是一位多麼與眾不同的文化思考者。

感謝閱讀過手稿並且給予鞭辟入裡建議的人們：馬克・安德森、亞曼達・海瑟（Amanda Hesser）、大衛・霍羅維茲（David Horowitz）、艾莉莎・霍羅維茲（Elissa Horowitz）、費莉莎・霍羅維茲、珠兒・霍羅維茲（Jules Horowitz）、蘇菲亞・霍羅維茲（Sophia Horowitz）、麥克・奧維茲、克里斯・施羅德（Chris Shroeder）、夏卡・桑戈爾、梅麗・史塔布斯（Merrill Stubbs）以及吉姆・索羅維基（Jim Surowiecki）。

感謝出版社發行人何莉絲・海姆巴赫（Hollis Heimbach）鼓勵我寫這本書。你相信我能成為作者的信念鼓舞了我。我還要感謝經紀人亞曼達・厄本（Amanda Urban），你讓我有信心寫出海地革命的故事，並且給予我無可比擬的支持與協助。

最後，我想向泰德・佛蘭德（Tad Friend）致謝，沒有他的協助、堅毅、豐沛的鬥志以及堅持作為協作者的承諾，就不會有這本書，謝謝你，泰德。

感謝下列單位慷慨授權：

Corp. International copyright secured. All rights reserved. Contains elements of "Let Me Be Your Angel" by Bunny Hull and Narada Michael Walden. Reprinted by permission of Hal Leonard LLC and Alfred Music.

Ready to Die: Words and music by The Notorious B.I.G., Osten Harvey, Sean "P. Diddy" Combs, Barbara Mason, Ralph Middlebrooks, Walter Junie Morrison, Marshall Eugene Jones, Clarence Satchell, and Leroy Bonner. Copyright © 1994 EMI April Music Inc., Justin Combs Publishing Company, Inc., Big Poppa Music, Embassy Music Corporation, Bridgeport Music Inc., and Southfield Music Inc. All rights on behalf of EMI April Music Inc., Justin Combs Publishing Company, Inc., and Big Poppa Music administered by Sony/ATV Music Publishing LLC, 424 Church Street, Suite 1200, Nashville, TN 37219. International copyright secured. All rights reserved. Contains elements of "Yes, I'm Ready" by Barbara Mason. Reprinted by permission of Hal Leonard LLC, Bridgeport Music Inc., and Southfield Music Inc.

Try Me: Words and music by DeJa Monet Trimble and David Demal Smith Jr. Copyright © 2014 BMG Gold Songs, Lil Loaf Publishing, and DDS 825 Publishing and Copyright Control. All Rights for BMG Gold Songs and Lil Loaf Publishing administered by BMG Rights Management (US) LLC. All rights for DDS 825 Publishing administered by Warner-Tamerlane Publishing Corp. All rights reserved. Used by permission. Reprinted by permission of Hal Leonard LLC and Alfred Music.

Slippery: Words and music by Joshua Parker, Quavious Keyate Marshall, Kirsnick Khari Ball, Kiari Kendrell Cephus, Radric Delantic Davis, and Grant Andrew Decouto. Copyright © 2017 These Are Songs of Pulse, OG Parker Productions, SFQC Music, Universal Music Corp., Quality Control QC Pro, Huncho YRN Music, Reservoir Media Music, JPL QC Music, YRN Piped Up Ent., MKN QC Music, Silent Assassin YRN, Warner-Tamerlane Publishing Corp., Grant Decouto Publishing Designee, WB Music Corp. and Radric Davis Publishing LLC. All Rights for OG Parker Productions and SFQC Music administered by These Are Songs of Pulse.

All Rights for Quality Control QC Pro and Huncho YRN Music administered by Universal Music Corp. All Rights for Reservoir Media Music, JPL QC Music, YRN Piped Up Ent., MKN QC Music, and Silent Assassin YRN administered by Reservoir Media Management, Inc. All Rights for Grant Decouto Publishing Designee administered by Warner-Tamerlane Publishing Corp. All Rights for Radric Davis Publishing LLC administered by WB Music Corp. All rights reserved. Used by permission. Reprinted by permission of Hal Leonard LLC and Alfred Music.

Prophets of Rage: Words and music by Carlton Ridenhour, Hank Shocklee, and Eric Sadler. Copyright © 2008 BMG Platinum Songs, Songs of Reach Music, Terrordome Music, Shocklee Music, Your Mother's Music, and Songs of Universal, Inc. All Rights for BMG Platinum Songs, Songs of Reach Music, Terrordome Music, and Shocklee Music administered by BMG Rights Management (US) LLC. All rights reserved. Used by permission. Reprinted by permission of Hal Leonard LLC.

Who Shot Ya: Words and music by Christopher Wallace, Sean Combs, Allie Wrubel, Herb Magidson, and Nashiem Myrick. Copyright ©1994 EMI April Music Inc., Big Poppa Music, Justin Combs Publishing Company, Inc., Music Sales Corporation © 2002 Bernhardt Music and Top of New York, Nashmack Publishing. All Rights on behalf of Bernhardt Music administered by WB Music Corp. Nashmack Publishing administered by the Administration MP, Inc., EMI April Music Inc., Big Poppa Music, and Justin Combs Publishing Company, Inc. administered by Sony/ATV Music Publishing LLC, 424 Church Street, Suite 1200, Nashville, TN 37219. International copyright secured. All rights reserved. Reprinted by permission of Hal Leonard LLC, Alfred Music, and the Administration MP, Inc.

Honest: Words and music by Nayvadius Wilburn, Leland Wayne, and Gary Hill. Copyright © 2013 IRVING MUSIC, INC., NAYVADIUS MAXIMUS MUSIC, PLUTO MARS MUSIC, and SNRS Productions, WB Music

Corp. and Irving Music Inc. All Rights for NAYVADIUS MAXIMUS MUSIC and PLUTO MARS MUSIC administered by IRVING MUSIC. All Rights on behalf of Itself and SNRS Productions administered by WB Music Corp. All rights reserved. Used by permission. Reprinted by permission of Hal Leonard LLC and Alfred Music.

Wanna Be Cool: Words and music by Sean Anderson, Jeremy Felton, Nathan Fox, Jeff Gitelman, Chancelor Bennett, Nico Segal, Kyle Harvey, Cameron Osteen, Peter Wilkins, and Carter Lang. Copyright © 2015. All rights for CHANCE THE RAPPER administered by CHANCE THE RAPPER LLC UNIVERSAL MUSIC CORP., MY LAST PUBLISHING, OHAJI PUBLISHING, SEVEN PEAKS MUSIC on behalf of Itself, ALL DAY RECESS and THE REAL BRAIN PUBLISHING, SPIRIT ONE MUSIC, JEFF GITTY MUSIC, SONGS OF GLOBAL ENTERTAINMENT, INDIE POP MUSIC administered by KOBALT SONGS MUSIC PUBLISHING, NICO SEGAL administered by PAINTED DESERT MUSIC CORP, CAMERON OSTEEN Publishing Designee on behalf of Itself © 2019 ZUMA TUNA, LLC, WARNER-TAMERLANE PUBLISHING CORP and CARTER LANG PUBLISHING DESIGNEE. All Rights for MY LAST PUBLISHING and OHAJI PUBLISHING administered by UNIVERSAL MUSIC CORP. All Rights for ALL DAY RECESS and THE REAL BRAIN PUBLISHING administered by SEVEN PEAKS MUSIC. All Rights for JEFF GITTY MUSIC and SONGS OF GLOBAL ENTERTAINMENT administered by SPIRIT ONE. All Rights on behalf of Itself and ZUMA TUNA and CARTER LANG PUBLISHING DESIGNEE administered by WARNER-TAMERLANE PUBLISHING CORP. International copyright secured. All rights reserved. Reprinted by permission of Hal Leonard LLC, Alfred Music, and co-publisher(s).

Gorgeous: Words and music by Malik Jones, Gene Clark, Jim McGuinn, Kanye West, Ernest Wilson, Mike Dean, Scott Mescudi, and Corey Woods. Copyright © 2010 UNIVERSAL MUSIC CORP., JABRIEL IZ MYNE,

音樂版權清權由芙莎版權公司（Forza Rights MGMT, LLC）安娜・基斯特（Anna Keister）協助處理。

財經企管 BCB699

你的行為，決定你是誰：塑造企業文化最重要的事

What You Do Is Who You Are: How to Create Your Business Culture

作者 —— 本・霍羅維茲 Ben Horowitz
譯者 —— 楊之瑜、藍美貞

總編輯 —— 吳佩穎
書系主編 —— 蘇鵬元
責任編輯 —— 王映茹
封面設計 —— FE設計 葉馥儀

出版人 —— 遠見天下文化出版股份有限公司
創辦人 —— 高希均、王力行
遠見・天下文化・事業群 董事長 —— 高希均
事業群發行人／CEO —— 王力行
天下文化社長 —— 林天來
天下文化總經理 —— 林芳燕
國際事務開發部兼版權中心總監 —— 潘欣
法律顧問 —— 理律法律事務所陳長文律師
著作權顧問 —— 魏啟翔律師
社址 —— 臺北市104松江路93巷1號
讀者服務專線 —— 02-2662-0012｜傳真 —— 02-2662-0007；02-2662-0009
電子郵件信箱 —— cwpc@cwgv.com.tw
直接郵撥帳號 —— 1326703-6號 遠見天下文化出版股份有限公司

電腦排版 —— bear工作室
製版廠 —— 東豪印刷事業有限公司
印刷廠 —— 祥峰印刷事業有限公司
裝訂廠 —— 中原造像股份有限公司
登記證 —— 局版台業字第2517號
總經銷 —— 大和書報圖書股份有限公司｜電話 —— 02-8990-2588
出版日期 —— 2021年7月5日第一版第4次印行

國家圖書館出版品預行編目（CIP）資料

你的行為，決定你是誰：塑造企業文化最重要的事／本・霍羅維茲（Ben Horowitz）著；楊之瑜，藍美貞譯. -- 第一版. -- 臺北市：遠見天下文化，2020.10
352面；14.8×21公分. --（財經企管；BCB699）

譯自：What You Do Is Who You Are: How to Create Your Business Culture

ISBN 978-986-5535-72-8（平裝）

1. 組織文化 2. 組織管理

494.2　　109013837

定價 —— 450元
ISBN —— 978-986-5535-72-8
書號 —— BCB699
天下文化官網 —— bookzone.cwgv.com.tw

天下文化
BELIEVE IN READING